JN125651

教科書ガイド

啓林館版

未来へひろがるサイエンス2　完全準拠

中学理科2年

編集発行
新興出版社
shinko publishing

もくじ

Guide to your text book

※本書に掲載の教科書紙面の一部で，著作権の関係等で掲載できない写真等につきましては，マスク（アミ）をかけておりますが
　ご了承ください。学習に際しては，教科書でその内容をご確認ください。

本書の特長と使い方

本書の特長

1 教科書の内容を詳しく解説！

あなたが使っている理科の教科書にぴったり合わせた問いかけや観察・実験などの詳しい解説を掲載しています。

2 問題の考え方や解答を掲載！

章末の「基本のチェック」や，単元末の「力だめし」の解答・解説を掲載していますので，自習するときのサポートに使うことができます。

3 重要事項やポイントが要約。定期テスト対策にも対応！

上記のような解説に加えて，テストによく出る重要用語や器具・薬品なども掲載していますので，定期テスト前にチェックして学習すれば，得点アップが期待できます。

内容と使い方

テストによく出る **重要用語** テストによく出る **器具・薬品等**	本書に掲載の教科書紙面の横に，重要用語や器具・薬品をまとめて掲載しています。授業の前後や定期テスト前にはチェックして，意味や使い方がわからないものは確認するようにしましょう。
テストによく出る 🔍	定期テストによく出る内容です。重要用語や器具・薬品と合わせて確認しておきましょう。
ガイド 1	教科書に出てくる問いかけや観察・実験，「考えてみよう」「話し合ってみよう」「思い出してみよう」「活用してみよう」「表現してみよう」などについてとり上げ，要約や解説をしています。
解説	教科書より詳しい内容，広がる内容を掲載しています。

ガイド 1　学びの見通し

　わたしたちの身近にはさまざまな生物がいる。種類はちがっても，体のつくりやはたらきには共通する部分も多い。この単元では，観察や実験を通して，動物や植物の体のつくりやはたらきを学び，身近な生物と結びつけながら考えていこう。

　1章では，生物の体をつくっている基本単位について学ぶ。動物も植物も，体は1つ1つの細胞からできている。細胞が集まって組織となり，組織が集まって器官をつくる。そして，複数の器官からなるのが，個体である。ところで，どの生物にもある細胞とは何だろうか。これもくわしく見ていく。

　2章では，植物の体に目を向けて学んでいく。植物は太陽の光を受けて光合成を行う。これによって，自ら栄養分をつくることができる。ただし，それと同時に呼吸もするし，外からも水や養分をとる。植物の体はどのようなしくみでつくられているのか，よりくわしく見ていこう。

　3章では，動物の体について学ぶ。植物とちがい，自分で栄養分をつくることができない動物は，食物を消化して栄養分をとる。消化と吸収，呼吸，血液についてしくみを学んでいこう。

　4章では，動物の行動のしくみを学ぶ。動物は，光や音などの刺激を，目や耳などの感覚器官で受けとっている。ときには，受けとった刺激に反応することもあるだろう。また，行動する上で重要な運動器官のしくみも学んでいく。

ガイド 2　学ぶ前にトライ

　植物には動物に見られるような口や鼻はない。動物を見る感覚では，ごはんを食べる（つまり栄養分をとる）ことも，息をすることもできていないように見えるだろう。説明する上で，植物には植物ならではの体のつくりがあることを知ってもらう必要がある。

　小学校で学んだように，植物は葉で太陽の光を受けると，光合成を行う。この光合成によって，デンプンなどの栄養分を自分でつくることができる。とはいえ，外から養分を受けとっていないわけではない。植物は根を通じて，水や養分を受けとっているのである。さらに，植物もまた呼吸をしている。光合成と同じように，葉を通じて呼吸するのである。

　以上のように，ごはんや息はなくても，植物も呼吸や光合成，外からの水や養分の吸収で生きていけるのである。くわしいしくみはこれから学んでいこう。

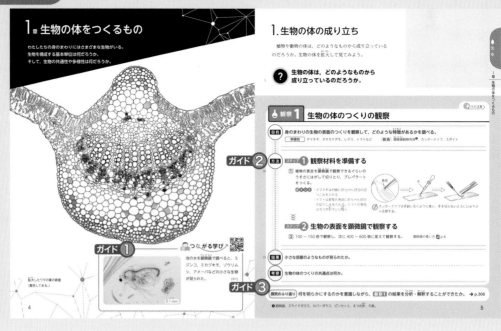

ガイド ① つながる学び

　ふだん，私たちは気づくことが少ないが，身の回りには多くの生物が生活を営んでいる。生物と聞いて思いつくのは，草原をかける大きな動物や花だんに植えられた美しい花かもしれない。しかし，わたしたちの目には見えない小さな生物がいる。それは顕微鏡で見ることによって初めて観察することができるほど非常に小さな生物だ。このような生物は微生物とよばれ池の中にもたくさんいる。ミジンコ，ミカヅキモ，ゾウリムシ，アメーバはその中の一部である。

ガイド ② 方法

　顕微鏡で見ることによって，肉眼では見えないものを拡大して見ることができる。

　観察したいものを試料という。試料の入ったプレパラートをつくって，それを顕微鏡で観察する。試料のプレパラートのつくり方をここでは解説する。試料のほか準備するものは，スライドガラス，カバーガラス，えつき針，ピンセット，ろ紙である。プレパラートは次の手順でつくる。

① 　スライドガラスに試料をのせる。

② 　空気の泡が中にできないように，えつき針とピンセットを用いて，片方からゆっくりとカバーガラスをかぶせる。

③ 　はみ出した液は，ろ紙で吸いとる。

ガイド ③ 考察

　顕微鏡で観察すると，小さな部屋のようなものがたくさん見える。この1つ1つが植物の細胞である。

　1つ1つの小さな部屋(細胞)の形は整っていて全部同じ形である場合もあれば，それぞれ異なっている場合もある。また，顕微鏡で見たときの細胞の中には，特徴的な細胞が見られることもある。生物の体のつくりの共通点は細胞でできていることである。

　顕微鏡で見たときに，全体的に細胞は，透けたような色に見える。またオオカナダモやレタスなどは細胞の中に緑色の粒があるのが見られる。

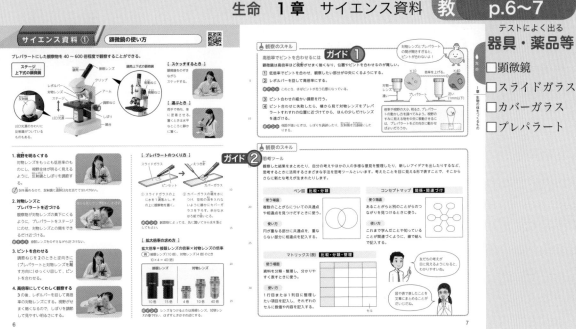

テストによく出る
器具・薬品等

□顕微鏡
□スライドガラス
□カバーガラス
□プレパラート

生命

ガイド① ピントの合わせ方

　高倍率では，対物レンズやプレパラートの少しの動きも大きな動きになってしまうので，ピントや位置を合わせるのがむずかしくなる。そのため，顕微鏡は次の手順で使う。

① 低倍率でピントを合わせる。

② 観察の対象を，視野の中央に移動する。顕微鏡でできる像は上下，左右が逆なので，例えば，視野の右上にある対象物を真ん中に移動させるには，プレパラートを右上方向に少し動かす。

③ レボルバーを回して対物レンズを高倍率にする。

④ 微動ねじを動かして，ピントの位置を調節する。

⑤ ピントが合わないときは，横から見ながら，対物レンズをプレパラートすれすれの位置に近づける。

⑥ 微動ねじを使って，対物レンズをプレパラートから離れる方向に動かして，ピントを合わせる。プレパラートに近づける方向に動かすと，対物レンズがプレパラートに接触して，プレパラートが破損したり，レンズが傷ついたりすることがあるので，必ず対物レンズがプレパラートから離れる方向に動かすこと。

⑦ 視野が暗いときは，しぼりを調整したり，反射鏡を凹面鏡にしたりする。

ガイド② 思考ツール

　観察や実験の結果をまとめるとき，さまざまな意見を整理してまとめるとき，新たなアイデアを出すときなど，複雑な思考が必要なときもあるだろう。そのときに，ただ考えているだけ，つながりを意識せず考えついたことを書き出すだけでは，自分が考えていることを整理するのがむずかしくなる。そこで，思考ツールとよばれる手法を使うとよい。ここでは，使用例を挙げる。

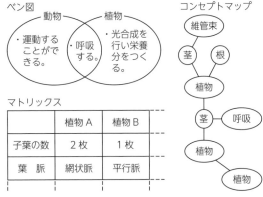

ベン図

動物　植物
・運動することができる。　・呼吸する。　・光合成を行い栄養分をつくる。

コンセプトマップ

維管束
茎　根
植物
茎　呼吸
植物
植物

マトリックス

	植物A	植物B
子葉の数	2枚	1枚
葉脈	網状脈	平行脈

　以上の例のように，自分が考えたことを目に見える形にすることで，思考を整理できたり，新しい発見があったりする。また，友だちや先生に見てもらって，アドバイスを求めることもできる。理科の授業だけでなく，生活のあらゆる場面で使える手法なので，思考ツールを自分で使いこなせるように，練習してみよう。

テストによく出る
重要用語等

☐細胞
☐単細胞生物
☐多細胞生物

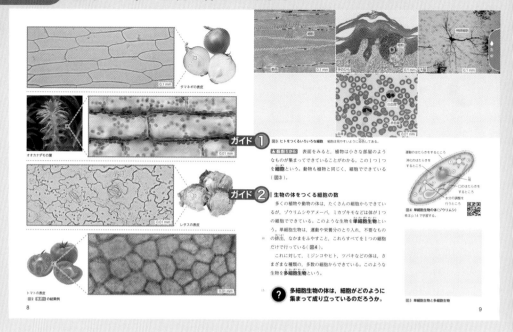

ガイド① **ヒトをつくるいろいろな細胞**

筋肉(きんにく)の細胞には筋(すじ)のようなものが見える。写真を見ると一直線に横線が走っているのがわかる。

手のひらの細胞は，丸い山のような形である。その中心部にいくつもの細胞が寄り集まっているのが分かる。

大脳(だいのう)の神経細胞は，1つの神経細胞から根のように線が出ており枝のように分かれている。この根が他の神経細胞とつながる。

骨の細胞は，1つ1つが分かれていて，同心円状に散らばって存在している。同心円の中心は白く見え，この白い点がいくつも存在している。

血液の細胞は，血液中にまばらに存在(そんざい)している。赤血球と白血球では，赤血球のほうが多く存在している。白血球は少し大きく，中が黒く見える。

肝臓(かんぞう)は，丸い細胞がいくつも寄り集まっている。細胞の中には，色の濃い丸いつくり(こ)が見られ，ところどころすき間が見える。

ガイド②　生物の体をつくる細胞の数

1年で水中の小さな生物として出てきたミカヅキモ，ミジンコも微生物(びせいぶつ)である。

単細胞生物であるミカヅキモは，見た目が三日月のような形で，透けて見えていて緑色である。中には，小さな粒(つぶ)のようなものが見える。これは葉緑体である。ミカヅキモは自分では動けず，水などの流れによって浮遊(ふゆう)している。大きさは 0.1〜0.5 mm である。

多細胞生物のミジンコは，体の構造は透明(とうめい)で，体の内部が透けて見える。体の内部には動く器官が見える。大きさは 1.5〜3.5 mm（中型の場合）である。

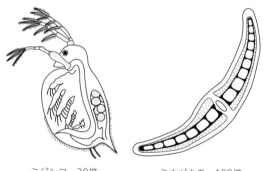

ミジンコ　30倍　　　　ミカヅキモ　100倍

動物も植物も，形やはたらきが同じ細胞が集まって**組織**をつくり，いくつかの種類の組織が集まって特定のはたらきをもつ**器官**をつくっている（図6）。植物の葉や，動物の心臓，小腸，目などは，どれも器官である。さらに，いくつかの器官が集まり，ヒトやツバキという**個体**がつくられている。個体は独立した1個の生物体である。

このように，多細胞生物ではさまざまな細胞が集まって，組織から器官，そして個体が形成されている。つまり，生物をつくる最小単位は細胞である。

深めるラボ

細胞を発見した科学者たち【科学史】

フック（1635〜1703年／イギリス）は，ばねに関するフックの法則で知られていますが，自作の顕微鏡を用いて，コルクをうすく切ったものを観察し，それがからの小部屋からなることを発見した人でもあります。フックはその小部屋を細胞（cell）と名づけました（1665年）。彼はその著書『ミクログラフィア』の中で，「コルクの細胞は死んでいるので，穴があいているが，生きているときは液がつまっている」と述べています。

フックの発見から約170年後，シュライデンは植物を観察して，「植物の体は細胞でできている」と発表しました。その発表を聞いた友人のシュワンは，動物の骨を観察して，「動物の体も細胞でできている」と発表しました。この2つの新たな発見により，彼らは「すべての生物体は細胞からできていて，細胞が生物の体をつくる最小単位である」と提唱しました。こうして，さまざまな科学者たちによって，「細胞説」が確立したのです。

シュライデン
（1804〜1881年）
ドイツ

シュライデンによるスケッチ

シュワン
（1810〜1882年）
ドイツ

シュワンによるスケッチ

ガイド①

動物

植物

個体

ヒト　ツバキ

心臓，胃，脳など

小腸

器官

小腸の断面

葉の断面

表皮組織
葉肉組織
表皮組織

組織

上皮組織
筋組織

2種類以上の細胞からなる組織もある。

表皮組織　葉肉組織

細胞

図6　多細胞生物の体の成り立ち　ヒトの細胞と組織は見やすいように配色してある。

生命

解説 細胞（さいぼう）

細胞の大きさは，ふつう直径が 0.01〜0.015 μm で，肉眼では見ることができず，顕微鏡（けんびきょう）で観察する。しかし，は虫類や鳥類の卵の卵黄（らんおう）（黄身（きみ））のように，1つの細胞が大きいものもある。世界最大の細胞はダチョウの卵黄で，7 cm ほどである。

ガイド① 多細胞生物の体の成り立ち

動物も植物も，形やはたらきが同じ細胞が集まって一定のはたらきをする組織をつくる。例えば，動物では上皮細胞（じょうひ）が集まって上皮組織をつくり，植物では表皮細胞が集まって表皮組織をつくっている。

動物の組織は，上皮組織，結合組織，筋組織（きん），神経組織（しょうちょう）（しんぞう）に分類される。そして，これらの組織によって，小腸や心臓などのように特定のはたらきをもつ器官がつくられる。動物には多くの器官があるので，共通のはたらきを共同して行ういくつかの器官をまとめて器官系（けい）とよぶ。例えば，口，食道，胃，小腸，大腸，肝臓（かんぞう），すい臓などは，消化に関するはたらきを行うので，これらをまとめて消化器系とよぶ。動物の器官系は，消化器系，呼吸器系（こきゅう），循環器系（じゅんかん）などに分けられている。

植物の組織は，分裂組織（ぶんれつ）とそれ以外の永久組織に分かれる。分裂組織は根の成長点や茎の形成層（くき）（けいせいそう）などにあり細胞がさかんにふえているところである。永

久組織は，さらに表皮組織や柔組織（じゅう）などに分かれる。例えば，葉の葉肉組織（ようにく）は柔組織である。植物の場合も，動物と同じように，いくつかの組織が集まって器官がつくられている。例えば，表皮組織と葉肉組織から葉という器官がつくられている。

動物でも植物でも，いくつかの器官が集まり，独立した1個の生命体である個体がつくられている。

テストによく出る

- **組織** 形やはたらきが同じ細胞が集まった構造のことで全体として1つの役割（やくわり）をもつ。
- **器官** いくつかの種類の組織が集まったもので，特定のはたらきをもつ。
- **個体** 個体は独立した1個の生物体で，いくつかの器官が集まってつくられている。

テストによく出る
器具・薬品等

- □酢酸オルセイン溶液
- □酢酸カーミン溶液
- □酢酸ダーリア溶液

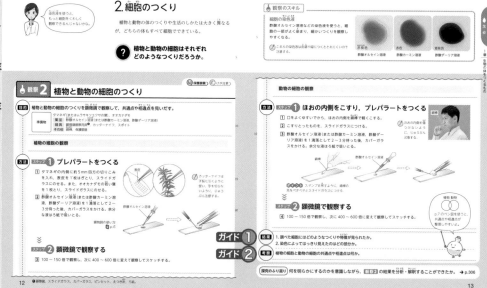

ガイド 1 結果

1. タマネギの表皮やオオカナダモの葉では，同じような大きさの細胞がぎっしり並んでいた。また，細胞と細胞の境目の仕切りははっきりしていた。

　オオカナダモの葉の細胞には緑色の粒（葉緑体）が見られたが，タマネギの表皮の細胞中には見られなかった。

　ほおの内側の細胞は，1つ1つがばらばらに見えた。細胞の外側の仕切りはうすかった。

2. タマネギの表皮，オオカナダモの葉，ほおの内側のいずれの細胞にも，1つの細胞に1個ずつ，染色液でよく染まる丸いものがあった。

ガイド 2 考察

- 植物の細胞と動物の細胞に共通しているところは，どの細胞も，染色液で染まる丸いものを1個ずつもっていることである。
- 異なっているところは，植物の細胞ではぎっしりすきまなく並んでいるのに対し，動物の細胞では1つ1つがばらばらなことである。

　また，植物の細胞では，細胞の境目の仕切りに厚みがあり，はっきりしているが，動物の細胞では，細胞の仕切りがうすい。

　教科書 p.7 には思考ツールに関するコラムがのせられている。このツールの中で，実験でわかった共通点や相違点を整理するのに使えるのはベン図であろう。

　今回は，タマネギの表皮，オオカナダモの葉，ほおの内側の3つの細胞を調べたが，はじめから3つすべてをベン図にまとめることは難しい。下の例のように，2つ選んで整理してから，3つすべてのベン図をかいた方が整理しやすい。

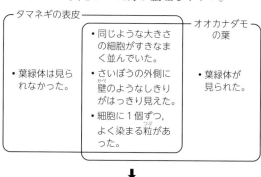

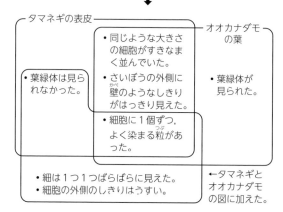

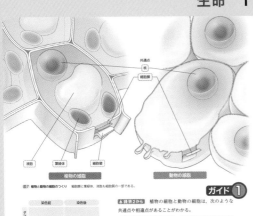

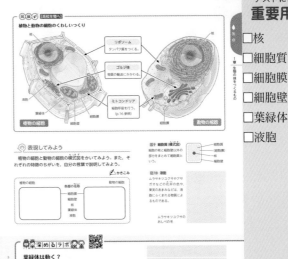

生命

テストによく出る❗

● **核**　1つの細胞に1個ずつある丸い粒で，酢酸オルセイン溶液などの染色液でよく染まる。

● **細胞質**　細胞膜とその内部で核をのぞいた部分を細胞質という。

● **細胞膜**　細胞質のいちばん外側にあるうすい膜で，この膜を通して水分などが出入りする。

● **細胞壁**　植物だけに見られ，動物には見られない。細胞膜の外側にある厚みのあるつくりで，細胞を保護し，植物の体の形を保つはたらきをしている。

● **葉緑体**　植物の葉や茎の緑色をした部分にある細胞の中の緑色の粒で，ここで光合成が行われる。

● **液胞**　成長した植物の細胞には液胞が見られる。若い植物細胞や動物細胞では見られないか，あってもきわめて小さい。液胞は液体で満たされており，細胞の活動でできた物質がとけている。アサガオなどの花弁の色素や，モミジやカエデなどの紅葉のときの葉の色素は液胞の液体にとけている。動物に比べ，排出機能の未発達な植物では，不要な物質の分解・貯蔵を液胞で行う。また，水分量の調節も行う。

解説　細胞のくわしいつくり

● **ミトコンドリア**　細胞呼吸を行い，生物が生きるために必要なエネルギーをつくりだす。

● **リボソーム**　タンパク質をつくる。つくられたタンパク質は，必要とされるところにすぐ送られる。

● **ゴルジ体**　細胞外へ分泌する物質の調節などを行う。

ガイド①　動物細胞と植物細胞の比較

×：ほとんど見られない，あるいは未発達のもの

	動物細胞	植物細胞
核	○	○
細胞膜	○	○
細胞質	○	○
細胞壁	×	○
葉緑体	×	○
液胞	×	○

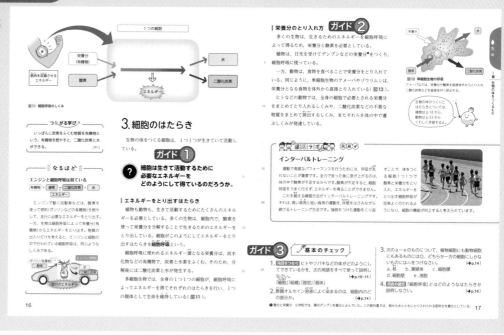

ガイド 1 学習の課題

　動物も植物も，生命活動をするためには多くのエネルギーを必要とする。生物は，細胞内で栄養分（有機物）を分解してエネルギーをとり出している。これを，細胞呼吸または内呼吸とよんでいる。

　この細胞呼吸に必要な酸素を空気中から体内にとり入れ，不要になった二酸化炭素を空気中に排出することを外呼吸という。

　多くの生物は酸素を使って有機物を分解して，生きていくうえで必要なエネルギーを得ているが，エネルギー源となる有機物には炭素や水素がふくまれている。そのため，分解された後に二酸化炭素と水が発生する。

ガイド 2 栄養分のとり入れ方

　多くの生物は，生きていくのに必要なエネルギーを細胞呼吸によって得るため，全身の細胞で多くの栄養分と酸素を必要としている。

　光合成を行う植物は，光合成のはたらきで水や二酸化炭素などからつくった栄養分を，細胞呼吸で使っている。

　これに対し，光合成などでみずから栄養分をつくり出すことができない生物は，外界から栄養分をとり入れている。アメーバ，ゾウリムシなどの単細胞生物は，栄養分となる食物を直接体内にとり入れている。

　ヒトなどの多細胞生物の動物では，全身の細胞で必要とする多くの栄養分や酸素をまとめてとり入れているため，運搬するしくみである消化器系，呼吸器系，循環器系などが発達している。また，二酸化炭素や尿素などの不要な物質をまとめて排出するしくみである排出系なども発達している。

ガイド 3 基本のチェック

1. （例）さまざまな細胞が集まって組織をつくり，いくつかの組織によって器官がつくられて，さまざまな器官からヒトやツバキなどの個体が形成されている。

2. 核

3. a◎　b△　c◎　d△　e△
　葉緑体，細胞壁，液胞がみられるのは植物細胞のみである。

4. （例）細胞が，酸素を使って栄養分を分解し，生きるためのエネルギーをとり出すはたらき。

ガイド 1 考えてみよう

　葉のつき方には，葉が1枚ずつたがいちがいに茎についているもの(図①，ヒマワリなど)，葉が茎の1か所につき2枚ずつ向かい合ってついているもの(図②，アジサイなど)，茎の1か所につき3枚以上の葉が輪状についているもの(図③，ヤエムグラなど)など，植物によってさまざまである。

　どの植物も，葉のつき方を上から見ると，葉がたがいに重なり合わないようについていて，どの葉も日光をじゅうぶんに受けて光合成ができるようになっている。

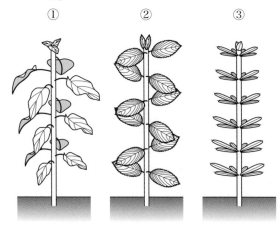

①　　　②　　　③

ガイド 2 実験

　緑色の葉の(白や黄色などのもようになっていない)ふ(斑)のない部分で，アルミニウムはくにおおわれていないところにデンプンができていた。

　ふの部分には葉緑体がない。ふ入りの葉を用いるのは，光がじゅうぶんに当たった場合でも，葉緑体がなければ光合成が行われないことを確かめるためである。

　また，アルミニウムはくでおおうのは，葉緑体があっても，光がじゅうぶんに当たらないときは光合成が行われないことを確かめるためである。

　つまり，光合成が行われる場所は葉緑体であり，そこに光がじゅうぶんに当たったときに，デンプンがつくられると考えられる。

[解説] **葉を熱湯につける理由**

　教科書p.19図14の実験で，熱湯に葉をつけるのは，葉をやわらかくするためである。葉をやわらかくすると，エタノールがしみこみやすくなる。

　また，脱色したあと水で洗うのは，エタノールを流し出すためである。葉をエタノールに長くつけておくと，葉はかたく，もろくなり，ピンセットでつまんだだけで割れてしまうこともある。

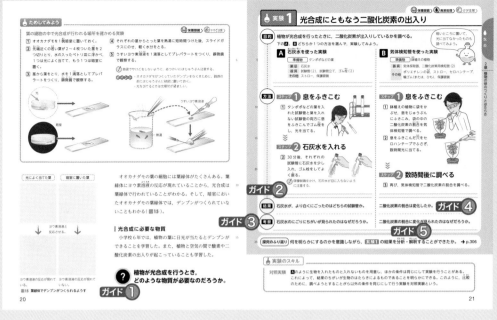

テストによく出る
重要用語等

□対照実験

テストによく出る
器具・薬品等

□気体検知管
□石灰水

ガイド 1 学習の課題

　小学校では，気体検知管を用いた実験の結果から，葉に日光が当たっているとき，空気中の二酸化炭素が葉にとり入れられ，葉から酸素が出されることを学んだ。このことから，植物が光合成を行うときには，二酸化炭素が必要だと考えられる。

ガイド 2 結果

　タンポポの葉を入れた試験管の石灰水はあまりにごらず，タンポポの葉を入れていない試験管の石灰水のほうが，より白くにごった。

ガイド 3 考察

　ヒトが呼吸によってはく息には，二酸化炭素が多くふくまれている。また，二酸化炭素には石灰水を白くにごらせるはたらきがある。

　葉を入れていない試験管では，ふきこんだ二酸化炭素がそのまま残っていたので，石灰水が白くにごったと考えられる。

　タンポポの葉を入れた試験管では，二酸化炭素が葉にとり入れられ光合成に使われたことによりその量が減少したため，石灰水がにごらなかったと考えられる。

ガイド 4 結果

　袋の中の空気の二酸化炭素の割合は，はじめは約4.5％だった（人のはく息の二酸化炭素の割合は，約4〜5％といわれている。）。この二酸化炭素の割合が数時間後には減少していた。

　光に当てなかったものは，数時間後には，やや増加していた。これは，植物の呼吸(教科書 p.24)によるものである。

ガイド 5 考察

　植物の光合成のために袋の中の二酸化炭素が使われたと考えられる。光に当てられず，光合成が行われていないものでは二酸化炭素の割合が減少していないことも，このことを示すものである。

テストによく出る

🔹 **対照実験**　光合成には光が必要であることを調べるには，光にじゅうぶん当てたものと，光に当てないものとを用意するが，気温や時間，袋の大きさ，ふきこむ息の量など，光以外の条件は同じにする。このように，調べようとすることがら以外の条件を同じにして行う実験を対照実験という。

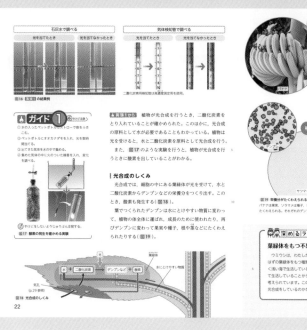

生命

ガイド①　酸素の発生を確かめる実験

　水に息をふきこむのは，光合成の原料となる二酸化炭素を水にとかしておくためである。また，出てきた気体を水中で集める（水上置換法）のは，空気が入らないようにするためである。

　集めた気体の入った試験管に火のついた線香を入れると，線香は激しく炎をあげて燃える。ものを燃やすはたらきのある気体は酸素なので，オオカナダモが光合成を行って出した気体は酸素だということがわかる。

ガイド②　栄養分がたくわえられるところ

　植物の葉でつくられたデンプンは，植物自身の成長のために使われたり，果実や種子，根，茎などにたくわえられたりする。

　バナナでは果実に，ソラマメでは種子に，サツマイモでは根に，ジャガイモでは茎（地下茎）にデンプンがたくわえられる。このことは，ヨウ素溶液に対する反応で確かめられる。

　リンゴやカキなどの果実では，デンプンは他の物質（果糖）に変わってたくわえられる。このため，リンゴやカキの果実は，ヨウ素溶液につけても青紫色にはならない。

テストによく出る！

光合成のしくみ　植物は，根からとり入れた水を葉まで運ぶ。葉では，気孔から二酸化炭素をとり入れる。葉の葉緑体は，水と二酸化炭素を原料として，光を受けて光合成を行い，デンプンなどの栄養分をつくり出す。

　つくられた栄養分は，水にとけやすい物質に変わって，植物の体全体へ運ばれ，成長のために使われたり，再びデンプンに変わって果実や種子，根や茎にたくわえられたりする。光合成のときに発生した酸素と余分な水（水蒸気）は，葉の気孔から空気中に出される。

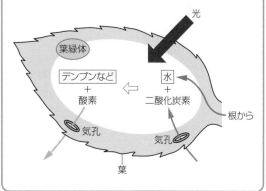

ガイド 1 植物の呼吸(こきゅう)を調べる実験

　空気だけを入れて1晩(ばん)置いたポリエチレンの袋(ふくろ)の中の空気を石灰水(せっかいすい)に通しても，あまり白くにごらない。空気中の二酸化炭素の割合(わりあい)が0.04%と低いためである。

　ところが，植物の葉にポリエチレン袋をかぶせ，同じように暗いところに1晩置いてから，中の空気を石灰水に通すと，石灰水は白くにごる。これは，暗いところに置いた植物が呼吸をして，二酸化炭素を出したためである。

ガイド 2 学習の課題

　植物も動物と同じように，昼夜を問わず酸素をとり入れ，二酸化炭素を出す呼吸をしている。しかし，日光が当たる昼間は，光合成によって出される酸素の量のほうが多いため，光合成だけが行われているように見えるのである。地球上の多くの動物が生きていくために必要な酸素は，植物の光合成の副産物として出されているものである。

ガイド 3 思い出してみよう

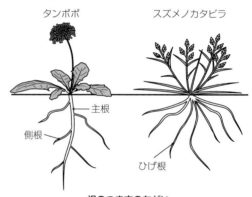

根のつき方のちがい

　植物の根を観察するためにほり起こすときは，根が意外に広がっているので，ゆとりを見て少し離(はな)れたところから，ていねいにほるようにする。

　タンポポの根は，1本の太い根(主根)に，枝分かれした細い根(側根)がたくさんついたつくりになっている。

　スズメノカタビラでは，太い根がなく，細い根がたくさん広がったつくりになっている。

	はたらき	時間	吸収される気体	放出される気体
植物	光合成	昼	二酸化炭素	酸素
	呼吸	昼・夜	酸素	二酸化炭素
動物	呼吸	昼・夜	酸素	二酸化炭素

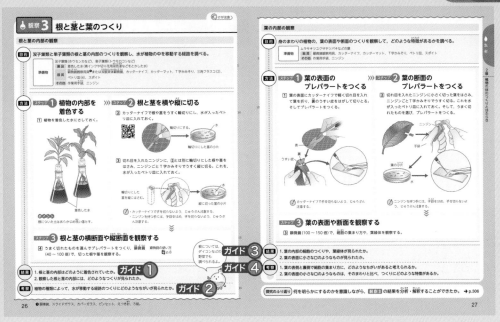

生命

ガイド ① 結果

1. 茎の輪切りでは，中心から飛び散った火花状に着色されたものがあった。また，着色された部分が，茎の表皮近くに輪をつくるように並んでいるものもあった。縦に切ったものには，着色された部分がすじのようになっているのが見られた。

2. 着色された管の外側には着色されない管があり，着色された複数の管と，着色されない複数の管がひとまとまりの束になっていた。茎の中には，このような束(維管束という)がいくつも見られた。

ガイド ② 考察

● 茎の経路のつくり

ヒメジョオン，ホウセンカなどの双子葉類では，表皮の近くに環状のすじがあり，着色した水の通り道の束は，そのすじにそって内側に並んでいた。

ススキ，トウモロコシなどの単子葉類では，双子葉類に見られる環状のすじはなく，着色した水の通り道の束は茎全体にばらばらに散らばっていた。

● 根の経路のつくり

維管束が並んでいる双子葉類の植物は，根が主根と側根に分かれている。また，維管束が散らばっている単子葉類の植物はひげ根である。

ガイド ③ 結果

1. 顕微鏡で観察すると，仕切りで分けられた小さな部屋のような細胞が見られた。細胞の中には緑色の粒である葉緑体が見られた。葉緑体は，葉の内部の細胞などに見られるが，葉の表皮の細胞には見られない。

2. 葉の表面には，小さな口のようなすきまが見られた。

このすきまを囲む三日月形の細胞があり，この細胞は表皮にあるが葉緑体が見られた。

ガイド ④ 考察

1. 葉の内部の表側では，細胞は整然とすきまなく並んでいる。裏側では，細胞の間にすきまがあり，表側ほど密につまっていない。

このため，葉の表側は緑色が濃く見え，裏側は緑色がうすく見える。

2. 小さな口のようなすきま(気孔)を囲む2つの細胞の形は，まわりの細胞とは異なり，三日月形をしている。

この三日月形の細胞を孔辺細胞という。多くの植物で，気孔は葉の裏側の表面に多く見られる。

□道管
□師管
□維管束
□気孔

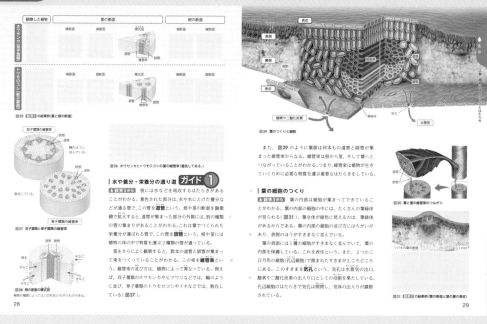

図25 ■観察3の結果例（茎と根の断面）

図26 ホウセンカとトウモロコシの茎の縦断面（着色してある。）

図27 双子葉類と単子葉類の維管束

図28 根の断面の模式図
植物の種類によってこの形状とちがうものがある。

水や養分・栄養分の通り道　ガイド①

■観察3から　根には水などを吸収するはたらきがあることがわかる。着色された部分は、水や水にとけた養分などが通る管で、この管を道管という。根や茎の断面を顕微鏡で拡大すると、道管が集まった部分の外側に、別種の管の集まりがあることがわかる。これは葉でつくられた栄養分が運ばれる管で、この管を師管という。根や茎には植物の体の中で物質を運ぶ2種類の管が通っている。

茎をさらに観察すると、数本の道管と師管が集まって束をつくっていることがわかる。この束を維管束という。維管束の並び方は、植物によって異なっている。例えば、双子葉類のホウセンカやヒマワリなどでは、輪のように並び、単子葉類のトウモロコシやイネなどでは、散在している（図27）。

図29 葉のつくりと細胞

また、図29のように葉脈は何本もの道管と師管が集まった維管束からなる。維管束は根から茎、そして葉へとつながっていることがわかる。つまり、維管束は植物が生きていくために必要な物質を運ぶ重要なはたらきをしている。

葉の細胞のつくり

■観察3から　葉の内部は細胞が集まってできていることがわかる。葉の内部の細胞の中には、たくさんの葉緑体が見られる（図31）。葉全体が緑色に見えるのは、葉緑体があるからである。葉の内部の細胞の並び方にはちがいがあり、表側のほうがすきまなく並んでいる。

葉の表面には1層の細胞がすきまなく並んでいて、葉の内部の細胞（孔辺細胞）で囲まれたすきまところどころにある。このすきまを気孔という。気孔は水蒸気の出口、酸素や二酸化炭素の出入り口としての役割を果たしている。孔辺細胞のはたらきで気孔は開閉し、気体の出入りが調節されている。

図30 葉と茎の維管束のつながり

図31 ■観察3の結果例（葉の断面と葉の表皮）

28　　　29

テストによく出る 🔍

● **道管**　教科書 p.26 観察3で、着色された部分を道管という。道管には仕切りがなく、根から茎（くき）を通って葉の葉脈までつながっている。水や水にとけた養分は道管を通って根から葉へ運ばれる。

● **師管**　道管の集まった部分の外側には、着色されなかった別の管の集まりがある。これを師管という。葉でつくられた栄養分（デンプン）は水にとけやすい物質に変えられ、師管を通って茎や根などに運ばれる。

● **維管束（いかんそく）**　数本の道管と師管が集まって束となったものを維管束という。維管束は根から茎、葉までつながっており、植物が生きるために必要な物質を運ぶはたらきをしている。

ガイド① 道管と師管

ヒトは血管によって、血液を体中に供給しているのであるが、植物は道管と師管によって体に水と栄養分を運んでいる。道管は水と水にとけた養分が通る。また、師管は葉でつくられた栄養分が通る。これら2つの管はそれぞれ別々に集まりをつくっている。

道管と師管の集まりを合わせて束になったものを維管束という。

さらに維管束がいくつも存在しており、これにより植物は体中に十分な水分と栄養分を供給している。維管束の特徴（とくちょう）として、茎の内側に道管、茎の外側に師管が集って束をつくっている。

解説 気孔（きこう）

多くの植物では、気孔の数は、葉の表側より裏側（うらがわ）に多い。しかし、アヤメは葉が表側を内側にしてくっついてしまい、外に出ている部分がどちらも裏側に当たるため、気孔の数は表と裏でほぼ同数である。シロツメクサは、裏側の気孔が表側よりも大きく、数は表側より少ない。また、ウキクサやスイレンなど水に浮（う）かぶ植物では、気孔は表側にしかない。

ガイド 1　考えてみよう

❶　気孔の数は葉の表側よりも裏側のほうが多い。そのため，気孔の多い葉の裏側に蒸散を防ぐワセリンをぬった⑦のほうが蒸散の量が少ないから。

❷　蒸散がさかんになると，根からの水の吸い上げがさかんになる。その結果，水と水にとけた養分が，根から茎，葉へさかんに運ばれるようになる。

ガイド 2　練習

⑦は「葉の裏側＋茎など（葉以外）」からの蒸散量，⑦は「葉の表側＋茎など」からの蒸散量，⑦は「茎など」だけからの蒸散量を表しているものと考えられる。

(1)　⑦と⑦の水の減少量の差は，「葉の表側＋茎など－茎など＝葉の表側」であり，葉の表側からの蒸散量に相当するから，葉の表側からの蒸散量は，
$$3.0\,g-0.2\,g=2.8\,g$$
　　　　　　　　　　　　答え　2.8 g

(2)　例題より，葉の裏側からの蒸散量は 4.8 g。練習(1)より葉の表側からの蒸散量は 2.8 g。また，⑦より茎などからの蒸散量が 0.2 g であるから，この植物全体の蒸散量は，
$$4.8\,g+2.8\,g+0.2\,g=7.8\,g$$
　　　　　　　　　　　　答え　7.8 g

ガイド 3　植物の体のつくりとはたらき（例）

（光合成のしくみ）

植物は光を受けると，細胞の中にある葉緑体で，水と二酸化炭素からデンプンなどの栄養分をつくり出す。このとき，酸素もつくり出される。外界の空気中から気孔を通して，二酸化炭素をとり入れ，酸素を出している。

（呼吸のしくみ）

植物は酸素をとり入れて，生活のエネルギーをとり出す。呼吸は昼も夜も行われ，呼吸でできた二酸化炭素が出されるが，昼は光合成がさかんなため，外界との酸素と二酸化炭素のやりとりでは，二酸化炭素をとり入れるだけのように見える。

（蒸散のしくみ）

植物は，根から吸い上げた水を，体の表面にある気孔から水蒸気として出す。このはたらきによって，根から吸い上げた水は茎，葉に運ばれる。蒸散は気孔の多い葉の裏側でさかんに行われている。

（根と茎のつくり）

根や茎には，吸い上げた水と養分を運ぶ道管と，葉で光合成によってつくった栄養分を運ぶ師管がある。数本の道管と師管が集まって束をつくったものを維管束という。茎の維管束は，双子葉類では輪のように並び，単子葉類では全体に散らばっている。

3章 動物の体のつくりとはたらき

ガイド 1 基本のチェック

1. 水と二酸化炭素

   光合成では，デンプンなどの栄養分のほかに，酸素が発生する。光合成に必要な気体と，光合成で発生する気体を覚えまちがえないように気をつけよう。

2. 昼も夜も行っている。

   光に照らされる昼間には，植物は呼吸と光合成を同時に行っている。光合成は光が当たるときだけ行われるが，呼吸は光が当たるかどうかに関係なく行われている。

3. (例)根から吸収した水は道管を通って，葉でつくられた養分は師管を通って，それぞれ体の各部分に運ぶしくみになっている。

4. (例)根から吸い上げた水を，植物の体の表面にある気孔から，水蒸気として出すはたらき。

   また，根から水とともに吸収した養分も，水とともに運ばれる。蒸散は水や養分を体全体に運ぶはたらきをしている。植物の気孔は，ふつう葉の裏側に多いが，葉の表側や茎にも見られることもおさえておこう。

ガイド 2 つながる学び

1　ヒトは，生命を支えるために，食物から栄養分をとり，呼吸により酸素をとり入れ，二酸化炭素を出している。これらの物質は血液によって運搬される。それでは，栄養分，酸素や二酸化炭素は，それぞれ体のどの部分で血液に入るのか，この章で学んでいこう。

2　ヨウ素溶液はデンプンが存在すると青紫色に変化する。デンプンは，ヒトが食べる食物にもふくまれている。動物の体について学ぶこの章でも扱うので，ヨウ素溶液の性質をもう一度確かめておこう。

3　唾液はデンプンを別の物質に変化させる。それでは，デンプンはどのような物質に変化するのだろうか。デンプンはごはんにふくまれているが，ごはんは口の中でかんでいるうちに，あまく感じられることがある。このことを手がかりにして，考えてみよう。

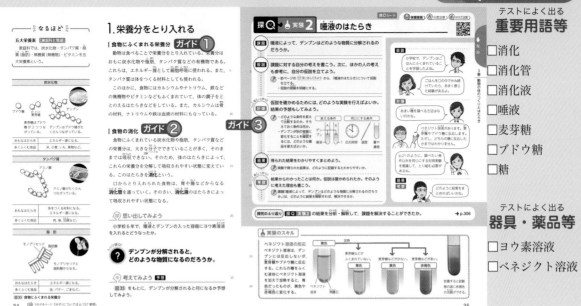

テストによく出る
重要用語等

□消化
□消化管
□消化液
□唾液
□麦芽糖
□ブドウ糖
□糖

テストによく出る
器具・薬品等

□ヨウ素溶液
□ベネジクト溶液

生命

ガイド1 食物にふくまれる栄養分

ヒトは，生きていくために必要な栄養分を食物からとり入れている。食物にふくまれる栄養分には，炭水化物，タンパク質，脂質(脂肪)がある。これを三大栄養素という。これに，無機質(無機物)，ビタミンを加えて五大栄養素という。炭水化物や脂肪は，細胞呼吸に使われて生きていくのに必要なエネルギーのもとになる。タンパク質は，エネルギー源にもなるが，血液の成分や筋肉など，おもに体をつくるもとになる。

食物には，鉄，カルシウム，ナトリウム，亜鉛，マグネシウムなどさまざまな無機質がふくまれている。カルシウムは骨や歯の成分になり，鉄やナトリウムは血液の成分などになる。これ以外の無機質も体を構成するうえで大切なはたらきをしている。

ビタミンも重要な栄養素で，体の調子を整えるはたらきをしている。ビタミンAが不足すると，夜盲症(暗くなるとものが見えにくくなる目の病気)などを引き起こす。ビタミンCには鉄分の吸収を助けるはたらきがあり，不足すると壊血病を引き起こす。ビタミンDは，カルシウムの吸収を助けるはたらきをする。ビタミンDは食物としてとり入れる以外に，太陽光をあびることにより体内でもつくられる。このほかさまざまなビタミンがあり，いずれも体の調子を整えるうえで，重要な役割を担っている。

ガイド2 食物の消化

ヒトがとり入れた食物にふくまれる炭水化物，脂肪，タンパク質などは大きな分子でできていることが多く，そのままでは体内に吸収することができない。そのため，消化酵素という物質のはたらきで，大きな分子を小さな分子に分解して，吸収されやすくしている。このはたらきを消化という。

口からとり入れられた食物は，口，胃，小腸などの消化管を通っていく間に，かみくだかれたり，こねられたりし，また，消化液のはたらきにより吸収されやすい状態に変わっていく。

ガイド3 計画(例)

唾液のはたらきを調べるから，唾液を入れる・入れないという条件だけを変え，それ以外の反応時間，温度，量や濃度などの条件は同じにして対照実験を行う。

デンプンが分解されて別の物質(あまい糖)になると仮定するならば，デンプンがなくなることと糖ができることを確認すればよい。デンプンはヨウ素溶液を加えると青紫色になるから，ヨウ素溶液を使って色が変わらなければデンプンがなくなったと確認できる。また，教科書 p.35 実験のスキルに示されたベネジクト溶液は糖に反応するから，この反応によって，糖ができたと確認できる。

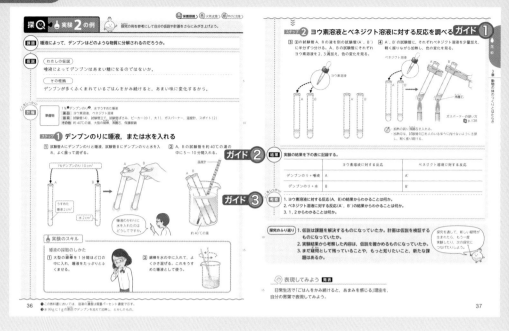

ガイド 1 ヨウ素溶液とベネジクト溶液に対する反応

ヨウ素溶液はデンプンの検出に用いられる。ベネジクト溶液は糖の検出に用いられ，糖の量が少なければ黄色を示し，量が多ければ赤褐色を示す。

ベネジクト溶液は糖があるかないかを調べるときに使われる。ヨウ素溶液はデンプンがあるかないかを調べるときに使われる。ベネジクト溶液が赤褐色に変化すれば糖があり，色が変化しなければ糖がない。

ヨウ素溶液が青紫色に変化すればデンプンがあり，色が変化しなければデンプンがないということになる。

ガイド 2 結果

	ヨウ素溶液に対する反応	ベネジクト溶液に対する反応
デンプンのり+唾液	A 色は変化しない	A′ 赤褐色に変化
デンプンのり+水	B 青紫色に変化	B′ 色は変化しない

ガイド 3 考察

1. デンプンに唾液を混ぜると，デンプンが別の物質に変化することがわかる。
2. デンプンに唾液を混ぜると，デンプンが分解されて糖ができることがわかる。
3. 唾液には，デンプンを分解して糖に変えるはたらきがあることがわかる。

解説 唾液のはたらき

教科書 p.37 ステップ 2 ③では，試験管 A の液は，デンプンが唾液によって別の物質に変えられてしまったため，ヨウ素溶液の色は変化しない。試験管 B の液は，デンプンとヨウ素溶液が反応して青紫色になる。

教科書 p.37 ステップ 2 ④では，試験管 A′の液は，デンプンが唾液にふくまれているアミラーゼという消化酵素のはたらきによって分解されてできた糖(麦芽糖)とベネジクト溶液が反応して赤褐色に変化する。試験管 B′の液は，デンプンがそのまま残っているので，ベネジクト溶液を入れても，ベネジクト溶液の色は変化しない。デンプンに水を入れただけの試験管 B や B′で実験を行うのは，唾液によって変化が起こることを確かめる対照実験のためである。

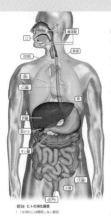

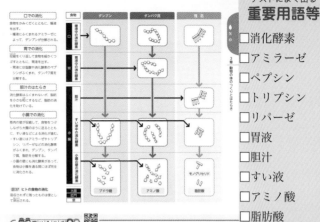

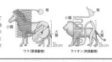

図36 ヒトの消化器官

ガイド **1**

表1 おもな消化液と消化酵素

テストによく出る
重要用語等

- □消化酵素
- □アミラーゼ
- □ペプシン
- □トリプシン
- □リパーゼ
- □胃液
- □胆汁
- □すい液
- □アミノ酸
- □脂肪酸
- □モノグリセリド

生命

ガイド **1**　ヒトの消化器官と食物の消化

　ヒトの食物の通り道は，口→食道→胃→小腸→大腸→肛門と続く1本の管となっていて，この管を消化管という。

　唾液腺は口に，胆のうやすい臓からの管は小腸につながっている。

　ヒトの消化管の全長は，約9mで，そのうちの半分以上は小腸である。食物は，消化管の筋肉の運動によって，消化液と混ざりながら送られていく。

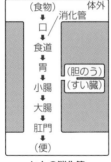
ヒトの消化管

解説　消化酵素

　消化液にふくまれる消化酵素は，物質を分解するはたらきをもつが，そのとき酵素自体は変化しないので，少量でも多くの物質を分解することができる。消化酵素は体温（動物によって異なり，ヒトでは35〜37 ℃）付近でもっともよくはたらく。

　また，消化酵素は特定の物質にのみはたらく。例えば，ペプシンはタンパク質を分解するが，デンプンや脂肪は分解しない。

テストによく出る

- **デンプンの分解**　ブドウ糖が多数つながった構造をしているデンプンは，口では唾液中のアミラーゼ，十二指腸（小腸のはじまりの部分）ではすい液中のアミラーゼのはたらきで，ブドウ糖が2つつながった麦芽糖に分解される。麦芽糖は，小腸の壁にある消化酵素のはたらきでブドウ糖に分解される。

- **タンパク質の分解**　タンパク質は多数のアミノ酸がつながった構造をしている。タンパク質は，胃で胃液中のペプシン，十二指腸ですい液中のトリプシン，小腸で小腸の壁にある消化酵素のはたらきで，アミノ酸に分解される。

- **脂肪の分解**　脂肪はモノグリセリドと脂肪酸からなる。脂肪は，十二指腸で，胆汁（肝臓でつくられ胆のうにたくわえられている。消化酵素はふくまない）のはたらきで水に混ざりやすい状態になる。次に，すい液中のリパーゼのはたらきで，脂肪酸とモノグリセリドに分解される。

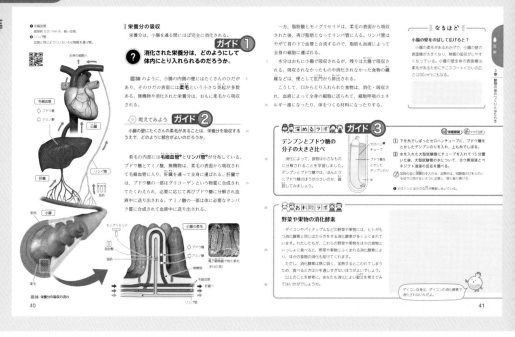

ガイド① 学習の課題

　小腸の内側にはたくさんのひだがあり，その表面には柔毛とよばれる小さな突起が無数にある。柔毛は長さ0.5〜1mmぐらいで，柔毛の表面にも小さな突起が多数ある。柔毛の内部には，毛細血管とリンパ管が分布している。

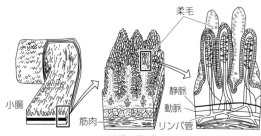

小腸の柔毛

ガイド② 考えてみよう

　柔毛は，小腸の内側の表面積を大きくして，栄養分の吸収の効率を上げる役割をしている。

　柔毛は，成人男性で数百万〜数千万あるといわれ，その表面積は，テニスコート1面分（約200 m²）にもなる。

解説 栄養分の吸収

　柔毛の表面から吸収されたブドウ糖，アミノ酸，無機物は毛細血管に入り，肝臓へと運ばれる。ここでブドウ糖はグリコーゲンに合成されて肝臓にたくわえられる。たくわえられる量には限度があり，限度をこえた分は脂肪につくり変えられ，皮下脂肪としてたくわえられる。血液中のブドウ糖の濃度が下がると，肝臓にたくわえられたグリコーゲンは再びブドウ糖となり，全身に運ばれる。アミノ酸は，大部分は肝臓の細胞のタンパク質や血しょうのタンパク質につくり変えられる。残りは血液によって全身に運ばれる。

　脂肪酸とモノグリセリドは，柔毛の表面から吸収された後，再び合成されて脂肪となりリンパ管に入る。その後，鎖骨の下の大静脈に入り全身の細胞へと運ばれる。

　水分は，一部は胃でも吸収されるが，おもに小腸で吸収され，残りは大腸で吸収される。吸収されなかった水分は，消化されなかった食物繊維などとともに便として体外に排出される。

ガイド③ デンプンとブドウ糖の分子の大きさ

　デンプン分子1個の大きさ(0.002〜0.04)は，ブドウ糖(グルコース)分子1個の大きさ(0.0000002)の約10000〜100000倍の大きさである。このため，ブドウ糖は，セロハンの表面にある穴を通れるが，デンプンは通れない。

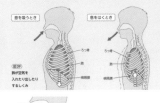

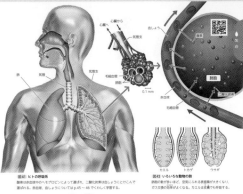

テストによく出る
重要用語等

- □呼吸運動
- □気管
- □気管支
- □肺
- □肺胞
- □横隔膜
- □ろっ骨
- □胸こう

生命

---

2. 動物の呼吸

1章で、体をつくっている細胞は、細胞呼吸を行うことを学んだ。

ヒトや多くの動物には、細胞呼吸で使う酸素をまとめてとり入れ、二酸化炭素をまとめて体外に出すしくみがある。

？ ヒトは、どのようにして酸素を体内にとり入れているのだろうか。

■呼吸運動　ガイド①

息を吸ったりはいたりするはたらきを呼吸運動という。呼吸運動はどのように行われるのだろうか。

肺は筋肉がないので、みずからふくらんだり縮んだりすることはできない。肺は、ろっ骨とろっ骨の間の筋肉と横隔膜によって囲まれた胸こうという空間の中にある。

図39のように、横隔膜が下がるとともに、筋肉によってろっ骨が引き上げられ、胸こうの体積が大きくなると、肺の中に空気が吸いこまれる。これとは反対に、横隔膜が上がるとともに、ろっ骨が下がると、胸こうの体積が小さくなって肺から空気が押し出される。

■肺による呼吸　ガイド②

鼻や口から吸いこまれた空気は、気管を通って肺に入る。肺は細かく枝分かれした気管支と、その先につながる多数の肺胞という小さな袋が集まってできている。気管や気管支、肺などの呼吸にかかわる器官をまとめて呼吸系という。

肺胞はうすい膜でできており、まわりを毛細血管が網の目のようにとり囲んでいる。肺胞に入った空気中の酸素は、毛細血管を流れる血液にとりこまれて全身の細胞に運ばれ、細胞呼吸に使われる。細胞呼吸でできた二酸化炭素は、血液にとけこんで肺に運ばれて肺胞内に出され、息をはくときに体外に出される。

ためしてみよう

ヒト肺の機能をつくってみよう

① 下半分を切りとったペットボトルにゴム膜をはる。
② ガラス管つきゴム栓にゴム風船をつけ、ペットボトルにとりつける。
③ ゴム膜を引いたり押したりして、中の風船のようすを調べる。

ガイド① 呼吸運動（こきゅう）

　ヒトの呼吸は、ろっ骨（こつ）を動かして胸こう（きょう）（ろっ骨（おうかくまく）と横隔膜に囲まれた空間）の容積を増減させる胸式呼吸と、横隔膜の上下運動によって、胸こうの容積を増減させる腹式呼吸（ふくしき）がある。

　ふつうはどちらか一方がおもに行われ、深呼吸のときは、両方が行われる。胸が動いているように見える胸式呼吸は女性や子どもに多く、腹（むね）がふくらんだりへこんだりする腹式呼吸は、成人男性に多い。

　教科書 p.42「ためしてみよう」の実験装置は、ペットボトルが胸こうに、ゴム膜が横隔膜に、ゴム風船（はい）が肺に相当する模型（もけい）で、息を吸（す）うときに横隔膜が下がり、胸こうが広くなって空気が入り、息をはくときに横隔膜が上がって、胸こうがせまくなって空気が出る腹式呼吸のモデルである。

解説 運動のときの呼吸

　運動をすると呼吸の量がふえるのは、たくさんの酸素をとり入れて栄養分を分解し、エネルギーをとり出すとともに、その際に出される不要な二酸化炭素を速（すみ）やかに排出（はいしゅつ）するためである。

ガイド② 肺による呼吸

　口や鼻から吸いこまれた空気は、気管から気管支を通って肺に入る。肺は、肺胞といううすい膜（まく）で囲まれた小さな袋が集まったものである。肺胞は、直径 $0.1〜0.2$ mm ほどの小さな袋（ふくろ）で、まわりは毛細（ほう）血管が網の目のようにとり囲んでいる。ここで、肺胞内の空気から血液へ酸素がとり入れられる。

　肺胞からとり入れられた酸素は、血液によって全身の細胞（さいぼう）に送られる。細胞はこの酸素を使って、栄養分を水と二酸化炭素に分解し、エネルギーをとり出す。発生した二酸化炭素は不要なので、血液中に出される。これを細胞呼吸という。

　血液中に出された二酸化炭素は、再び肺胞内へ入り、息をはくときに体外へ出される。このため、吸う息よりはく息のほうが二酸化炭素が多い。このように気管〜肺〜肺胞〜血液〜細胞を循環（じゅんかん）しながら、酸素と二酸化炭素を交換（こうかん）して、エネルギーをとり出しているのが呼吸である。

解説 肺の肺胞

　成人の肺の肺胞は 3〜6 億個あるといわれ、全体の表面積は $50〜100 \ \mathrm{m^2}$ で、たたみ 30 枚分（まい）ぐらいになる。

　この肺胞を網の目状に血管がとり巻（ま）くことで、空気に触れる表面積を広くして、ガス交換の効率を上げているのである。

テストによく出る
重要用語等

□排出
□肝臓
□腎臓
□尿素
□尿
□輸尿管
□排出系
□汗腺
□汗
□赤血球

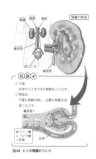

図44 ヒトの腎臓のつくり

図45 皮膚のつくりと汗腺

図46 肝臓のおもなはたらき

3. 不要な物質のゆくえ

細胞のはたらきによって、二酸化炭素やアンモニアなどの不要な物質が生じる。これらは体内に多くたまると有害である。体内に生じる不要な物質を体外に出すはたらきを、排出という。

❓ 体内でできた不要な物質はどのように排出されるのだろうか。

排出のしくみ　ガイド①

ブドウ糖や脂肪が分解されると、二酸化炭素と水ができる。しかし、アミノ酸には窒素がふくまれており、分解されると、二酸化炭素と水以外にアンモニアができる。

アンモニアは血液によって肝臓に運ばれ、害の少ない尿素に変えられ、さらに腎臓に送られる。腎臓では、尿素などの不要な物質は、余分な水分や塩分とともに、血液中からこし出されて尿となる。尿は輸尿管を通ってぼうこうに一時ためられ、体外に排出される。腎臓のはたらきによって、血液中の不要な物質がとり除かれ、塩分も体に適した濃さに保たれている。腎臓やぼうこうなど、排出にかかわる器官をまとめて排出系という。

血液中の不要な物質の一部は、皮膚にある汗腺から水とともにこし出され、汗となって排出される（図45）。

肝臓のはたらき　ガイド②

肝臓はアンモニアを尿素に変えるほか、食物にまざりこんだ有害物質を無害化するはたらきを行う。また、小腸で吸収した栄養分を体に必要な別の物質につくり変えたり、たくわえたりし、胆汁をつくるなどの消化にかかわるはたらきも行う（図46）。肝臓のはたらきは細かいものまで入れると、500種類以上におよぶといわれている。

4. 物質を運ぶ

この章ではこれまでに、細胞呼吸に必要な栄養分や酸素をとり入れる器官、不要な物質を排出する器官を学習した。それらの器官を結び、全身の1つ1つの細胞に必要な物質を送り届けたり、不要な物質をとり除いたりするために、体内を血液がめぐっている。

❓ 血液はどのようなしくみで、栄養分や酸素、二酸化炭素などを運ぶのだろうか。

思い出してみよう　ガイド③

血液はどのようなはたらきをしていたか。また、血液を循環させるはたらきをしているものは何か。

わたしたちの体には、たえまなく心臓と全身にはりめぐらされた血管があり、その中を血液が循環している（図47）。

下の観察で見られるように、毛細血管の中にはたくさんの丸い粒が同じ向きに流れている。これらの粒の大部分は赤血球である。

ためしてみよう　ガイド④

血液の分布や、血液の流れを調べてみよう
1. ヒメダカを水と一緒に小さなポリエチレンの袋に入れ、顕微鏡のステージにのせる。
2. 尾びれを100〜150倍で観察する。

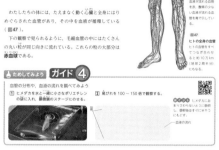

図47 ヒトの全身の血管

44　　　45

ガイド① 排出のしくみ

ブドウ糖や脂肪が分解されると、二酸化炭素と水が生じる。アミノ酸が分解されると、アンモニア（アンモニアは窒素と水素からできている）も生じる。

二酸化炭素やアンモニアは体内にたまると有害である。二酸化炭素は血液によって肺に運ばれ、体外へ排出される。アンモニアは血液によって肝臓に運ばれて害の少ない尿素に変えられ、さらに腎臓に送られる。腎臓はソラマメの形をした臓器で、腰の上部の背中側に左右一対ある。腎臓では、尿素などの不要な物質は血液中からこしとられ、余分な水分や塩分とともに尿となる。尿は輸尿管を通ってぼうこうに一時ためられ、体外に排出される。

血液中の不要な物質の一部は、皮膚の下の汗腺から水とともにこし出され、汗となって体外に排出される。なお、汗は体温の上昇をおさえるはたらきもしている。

ガイド② 肝臓のはたらき

ヒトの肝臓は、横隔膜のすぐ下にあり、内臓の中では最大の臓器である。肝臓は消化器官の1つであり、脂肪の消化を助ける胆汁をつくっている。胆汁はいったん胆のうにたくわえられる。

肝臓はアンモニアを尿素に変えるほか、体内に摂取された有害な物質を無毒化する解毒作用も行って

いる。肝臓は非常に多くのはたらきを担っており、その数は500以上にもおよぶ。おもなものには、次のようなものがある。

- ブドウ糖をグリコーゲンに変えてたくわえる。
- 血液中のブドウ糖の量を調節する。
- タンパク質の合成や分解を行う。
- 血液中の有害な物質を無毒化する。
- 古くなった赤血球を分解する。
- アルコールを分解する。

ガイド③ 思い出してみよう

血液は全身をめぐり、体の各部の細胞に必要な物質を運び、また、細胞から出た不要な物質を運び出すはたらきをしている。血液を循環させているものは心臓の拍動である。

ガイド④ ためしてみよう

生きたメダカの尾びれの部分を顕微鏡で観察すると、たくさんの細い血管が、骨に沿うように通っているのが観察できる。また、血管の中には、円盤状の赤血球が多数見られ、転がるように一定の方向に流れているのがわかる。

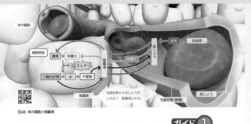

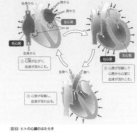

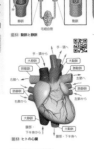

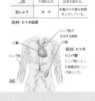

テストによく出る
重要用語等

- □白血球
- □血小板
- □血しょう
- □ヘモグロビン
- □組織液
- □動脈
- □静脈
- □拍動
- □循環系

ガイド1　血液の成分とそのはたらき

血液はヒトの体重の約7％を占め，赤血球，白血球，血小板などの固体成分と，血しょうという液体成分からなる。

◎赤血球

ヒトの赤血球は，直径が7〜8 μm（1 μm＝0.001 mm）の中央がくぼんだ円盤形のもので，核はない。血液1 mm³中に約350万〜550万個の赤血球がふくまれている。

赤血球は，鉄をふくむヘモグロビンという赤い物質をもっている。ヘモグロビンは，酸素が多いところでは酸素と結びつき，酸素が少ないところでは酸素をはなす性質がある。この性質によって，ヘモグロビンは肺で酸素をとり入れ，酸素を必要としている細胞に酸素を供給している。

◎白血球

ヒトの白血球は，大きさが10〜25 μm，形は不定形（形が定まっていない）で，核をもつ。血液1 mm³中に4000〜9000個の白血球がふくまれている。白血球は，体内に侵入してきた細菌などを分解する。

◎血小板

血小板は，大きさは1〜3 μm，形は不定形で，核をもたない。血液1 mm³中に20〜40万個の血小板がふくまれている。出血したとき血液を固め止血作用にかかわる。

◎血しょう

消化管で吸収された栄養分は，血しょうにとけて全身の細胞に運ばれる。全身の細胞の間には毛細血管が網の目のようにはりめぐらされている。毛細血管の壁は非常にうすく，血しょうの一部がしみ出して細胞の間を満たしている。これを組織液という。

血液によって運ばれてきた酸素や栄養分は組織液をなかだちにして細胞にとり入れられる。また，細胞の活動によって生じた二酸化炭素やアンモニアなどの不要な物質も，組織液をなかだちにして毛細血管中にとりこまれる。

ガイド2　血管

心臓から送り出された血液が流れる血管を動脈といい，心臓へもどる血液が流れる血管を静脈という。動脈の壁は厚く弾力がある。静脈にはところどころに血液の逆流を防ぐ弁がある。

ガイド3　心臓のつくりとはたらき

心臓で，血液が流入する部屋を心房，血液を送り出す部屋を心室という。ヒトなどの哺乳類や鳥類の心臓は2心房2心室である。心臓は厚い筋肉でできていて，これが周期的に収縮して血液に圧力をかけ，血液を全身に送り出している。心臓の周期的な動きを拍動という。

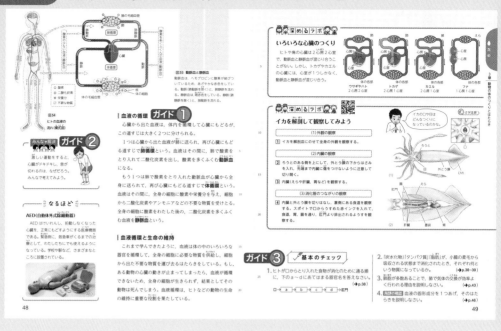

テストによく出る
重要用語等
□肺循環
□動脈血
□体循環
□静脈血

ガイド 1 血液の循環

　心臓から出て肺に向かい，肺で二酸化炭素を排出し，酸素をとり入れて，心臓にもどってくるまでの血液の流れを肺循環という。また，心臓から出て，全身を送られて，再び心臓にもどる血液の流れを体循環という。血液はその間に，全身の細胞に酸素を供給し，細胞から二酸化炭素やアンモニアなどの不要な物質を受けとる。

　肺で酸素をとり入れて，酸素を多くふくむ血液を動脈血という。肺から心臓にもどる肺静脈の血液や，心臓から出て体の各部の組織に向かう動脈の血液は動脈血である。また，全身の細胞に酸素をわたした後の，二酸化炭素の多い血液を静脈血という。静脈や心臓から肺に向かう肺動脈の血液は静脈血である。

ガイド 2 みんなで解決

　激しい運動をすると，筋肉を動かすために筋肉組織では大量の酸素が消費されるので，この酸素を補うため心臓などが機能する。

　筋肉組織に酸素をふくんだ血液を大量に送ろうとして，心臓の拍動が速くなり，心臓がドキドキする。また，肺から血液中に急速に酸素をとり入れようとして呼吸が速くなり，息切れがする。

ガイド 3 基本のチェック

1.　a：食道　　b：胃　　c：小腸　　d：大腸

2.

炭水化物→ブドウ糖

タンパク質→アミノ酸

脂肪→脂肪酸，モノグリセリド

3.　(例)肺胞が多くあることによって，空気にふれる表面積が大きくなるから。

4.　以下の3つのうち，どれか1つが書けていればよい。

● 赤血球…酸素を運ぶはたらき。

● 白血球…ウイルスや細菌などの病原体を分解するはたらき。

● 血小板…出血したとき，血液を固めるはたらき。

　血しょうは液体成分なので，この問題の答えとしては誤りとなる。気をつけよう。

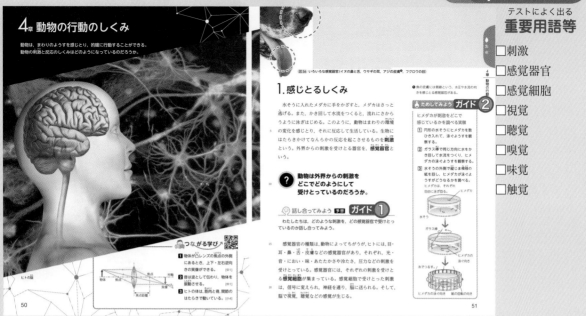

テストによく出る
重要用語等

□刺激
□感覚器官
□感覚細胞
□視覚
□聴覚
□嗅覚
□味覚
□触覚

生命

ガイド ① 話し合ってみよう

　わたしたちが外界から受ける刺激には，光，音，におい，味，温度，圧力などがある。これらの刺激は，それぞれ目，耳，鼻，舌，皮膚で受けとっている。

ガイド ② ためしてみよう

　ガラス棒でかき混ぜたときは，ヒメダカは側線で水の流れを感じている。縦じまの模様の紙を回したときには，目で，水の流れを誤って感じとっている。

解説 感覚器官

　外界から，生物の知覚や感覚を起こさせるものを刺激といい，その刺激を受けとる器官を感覚器官という。ヒトの感覚には目で見る，耳で音を聞く，鼻でにおいをかぐ，舌で味わう，皮膚で温度や圧力を感じるなどがあり，これら5つの感覚は，あわせて五感とよばれる。これらの情報をもとに危険から身を守るなどして生活している。

　感覚器官には，それぞれの刺激を受けとる感覚細胞が集まっており，感覚細胞で受けとった刺激は神経を通り，脳に送られる。例えば，目では感覚細胞は光の刺激を受けとり，脳で視覚が生じる。耳では感覚細胞は音の刺激を受けとり，脳で聴覚が生じる。

　このほか，においのもとになる刺激による嗅覚，味のもとになる刺激による味覚，ふれたことの刺激による触覚，圧力の刺激による圧覚，痛みの刺激による痛覚，あたたかさの刺激による温覚，冷たさの刺激による冷覚などがある。

　表は，感覚器官が受けとる外界からの刺激と，脳に生じる感覚の一覧である。

感覚器官	外界からの刺激	感覚
目	光	視覚
耳	音	聴覚
鼻	におい(空気中の化学物質)	嗅覚
舌	味(液体中の化学物質)	味覚
皮膚	接触	触覚
	圧力	圧覚
	熱・強い圧力・化学物質など	痛覚
	高い温度の刺激	温覚
	低い温度の刺激	冷覚

　耳には，走行中の列車がトンネルに入ったときに経験する，圧力(気圧)のちがいを感じる感覚もある。また，体の傾きや回転の刺激によってその方向や大きさ，速度などを感じる平衡感覚もある。

　舌には，皮膚で感じる感覚もある。

テストによく出る
重要用語等

- □レンズ
- □虹彩
- □網膜
- □視神経
- □神経
- □鼓膜
- □耳小骨
- □うずまき管
- □聴神経
- □嗅神経

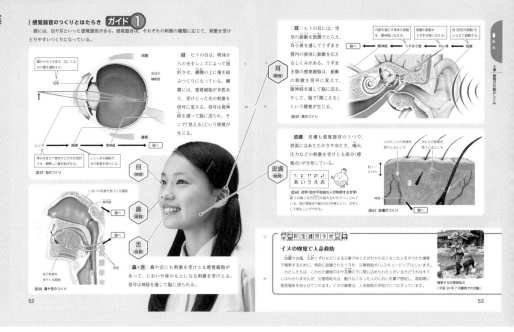

感覚器官のつくりとはたらき ガイド①
顔には，目や耳といった感覚器官がある。感覚器官は，それぞれの刺激の種類に応じて，刺激を受けとりやすいつくりになっている。

目 ヒトの目は，物体からの光をレンズによって屈折させ，網膜の上に像を結ぶようになっている。網膜には，感覚細胞が多数あり，受けとった光の刺激を信号に変える。信号は視神経を通って脳に送られ，そこで「見える」という視覚が生じる。

図57 目のつくり
レンズ → 網膜 → 視神経 → 脳へ

図58 鼻や舌のつくり
鼻・舌 鼻や舌にも刺激を受けとる感覚細胞があって，においや味のもとになる刺激を受けとる。信号は神経を通して脳に送られる。

耳 ヒトの耳は，空気の振動を鼓膜でとらえ，耳小骨を通してうずまき管内の液体に振動を伝えるしくみがある。うずまき管の感覚細胞は，振動の刺激を信号に変えて，聴神経を通して脳に送る。そして，脳で「聞こえる」という聴覚が生じる。

図59 耳のつくり

皮膚 皮膚も感覚器官の1つで，表面にはあたたかさや冷たさ，痛み，圧力などの刺激を受けとる部分（感覚点）が分布している。

図60 点字（目が不自由な人が利用する文字）
図61 皮膚のつくり

防災減災リポート
イヌの嗅覚で人命救助
地震や台風，土砂くずれなどによる災害でゆくえがわからなくなった人をすぐれた嗅覚で捜索するために，特別に訓練されたイヌを，災害救助犬（レスキュードッグ）といいます。わたしたちは，これれた建物の中や土砂の下に閉じ込められた人がいるかどうかはすぐにはわかりませんが，災害救助犬は，動けなくなった人のにおいを鼻で感知し，指の際で発見場所を知らせてくれます。イヌの嗅覚は，人命救助の手助けにつながっています。

捜索する災害救助犬（平成30年7月豪雨での活動）

ガイド① 感覚器官のつくりとはたらき

◎ヒトの目のつくり

ヒトの目のつくりは，カメラの構造と似ている。物体からの光をレンズで屈折させ，目の場合は網膜に，カメラの場合はフィルムや撮像素子に像を結ばせる。

目の虹彩は，カメラのしぼりと同じで，入ってくる光の量を調節する。ピントを合わせるには，カメラではレンズを前後に移動させるが，目はレンズの厚みを変えて合わせる。

網膜には，光の刺激を受けとる感覚細胞があり，視神経がつながっていて，光の刺激が脳へ伝えられる。

◎ヒトの鼻のつくりとはたらき

鼻の中には嗅粘膜があり，そこにヒトでは数百万，においに敏感なイヌでは数億のにおいの刺激を受けとる細胞がある。この細胞の先端からは10〜30本のせん毛という毛が生えており，においに対する受容器があってにおいの刺激を受けとる。

その刺激は，嗅神経によって，脳に伝えられる。

◎ヒトの舌のつくりとはたらき

舌は筋肉でできており，表面は口の中と同じような粘膜でおおわれている。

舌には，味を感じる味蕾とよばれる受容器があり，味神経を通じて，味や温度，触覚，痛覚などの刺激が脳に伝えられる。

また，舌には，舌を動かすための舌下神経がつながっており，舌は自在に形を変えることができるので，食物を飲みこんだり，ヒトでは言葉を話すときの運動器官としても使われる。

◎ヒトの耳のつくりとはたらき

ヒトの耳では，音の振動が届くと，鼓膜がふるえる。この振動は，耳小骨で拡大され，うずまき管に伝えられる。

うずまき管の中にはリンパ液が入っていて，この液体のゆれ（振動）を，うずまき管の中の感覚細胞が音の刺激として受けとり，聴神経によって脳へ伝えられる。

◎ヒトの皮膚のつくりとはたらき

皮膚は，体毛があって，体を保護したり，汗腺によって不要な物質を排出したり，体表面の温度を調節したりするはたらきをもつが，そこには神経の末端も到達しており，感覚点で触覚，圧覚，痛覚，温覚，冷覚などの刺激を受けとり，脳に伝える。

このようにして，感覚器官からの刺激が脳に伝えられる。そして，脳からこの刺激にどう反応するかという命令が出され，刺激に対する手や足の運動などの反応が起こる。

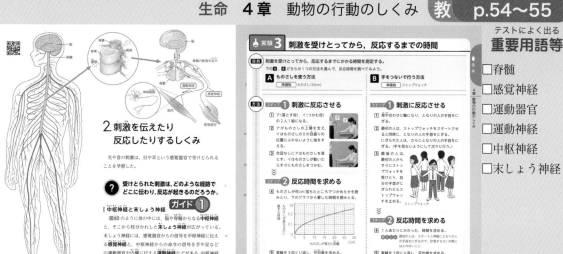

テストによく出る
重要用語等

☐脊髄
☐感覚神経
☐運動器官
☐運動神経
☐中枢神経
☐末しょう神経

生命

ガイド① 中枢神経と末しょう神経

　感覚器官で受けとった刺激が，神経によって脳に伝えられてはじめて感覚が生じる。また，脳からの命令が神経によって筋肉に伝えられると，筋肉の収縮が起こる。脳や脊髄と，刺激や命令を伝えていく神経を，まとめて神経系という。

　神経系のうち，脳と脊髄を中枢神経という。脳は大脳，小脳，脳幹(延髄)からなり，頭の骨で保護されている。脊髄は背骨に囲まれて保護されている。

　中枢神経と感覚器官や筋肉・内臓とを連絡している神経に，感覚神経と運動神経などがある。これらを末しょう神経という。感覚神経は，感覚器官で受けとった刺激による信号を，中枢神経に伝える。運動神経は，中枢神経からの命令の信号を，筋肉や内臓に伝える。感覚神経や運動神経の刺激や命令の伝わり方は一方通行であり，逆向きに流れることはない。

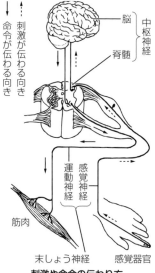

刺激や命令の伝わり方

ガイド② 結果

1 (例)

　1回目は，ものさしが19cm落ちたときにつかんだので，教科書のグラフから，時間は約0.20秒かかった。

　同様に3回くり返して，平均値を求める。

2 (例)

人数…7人
1回目にかかった時間…1.15秒
1回目の1人あたりにかかった時間
　　1.15秒÷6＝0.191…秒≒0.19秒
同様に3回くり返して，平均値を求める。

ガイド③ 考察

1 (例)

　この0.2秒は，ものさしを落としたという目から入った刺激が脳に伝わり，脳が手の筋肉を動かしてつかめという命令を出して，それが筋肉に伝わり，筋肉が反応するのにかかった時間であると考えられる。

2 (例)

　手をにぎられて感じた刺激が脳に伝わり，脳がとなりの人の手をにぎれという命令を出して，それが筋肉に伝わり，筋肉が反応するのにかかった時間であると考えられる。

テストによく出る
重要用語等

□反射

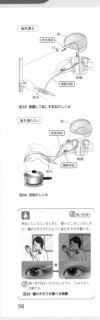
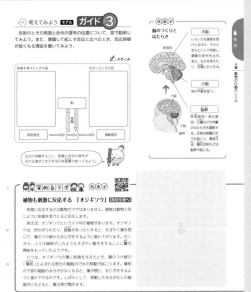

56

57

ガイド ① 意識して起こす反応

外界からの刺激を感覚器官が受けとると，刺激の信号は，「感覚器官 → 感覚神経 → 脊髄 → 大脳」あるいは「感覚器官 → 感覚神経 → 大脳」の順に伝わる。信号を受けとった大脳は，どのような行動をとるかの判断を下し，その命令は，「大脳 → 脊髄 → 運動神経 → 筋肉」の順に伝えられて反応を起こす。

刺激を受けとってから反応を起こすまでの時間は，平均すると 0.2 秒くらいであり，0.1 秒以内に反応を起こすのは不可能とされる。陸上競技の 100 m 走の国際ルールでは，ピストルが鳴ってから 0.1 秒未満にスタート反応を起こすとフライング失格となる。

ガイド ② 無意識に起こる反応

生まれつきもっていて，刺激に対して無意識に起こる反応を反射という。例えば，熱いものにさわると，脳で熱いと感じる前に手を引っこめる反応が起こる。それは，指の皮膚が受けた刺激の信号が感覚神経を通って脊髄に伝えられると，脊髄から直接，手の筋肉につながっている運動神経に命令の信号が出されて起こった，無意識に手を引く反応である。反射は，危険から身を守ったりするための大切な反応である。

反射の例としては，次のようなものがある。
- 口の中に食物が入ると，無意識に唾液が出る。
- 足をぶらぶらさせていすに座り，ひざ頭のすぐ下をたたくと，ひとりでに足が上がる。
- 強い光を見ると，思わずまばたきをする。
- 明るいところでは，目の瞳が収縮し，暗いところでは拡大する。

ガイド ③ 考えてみよう

反射のときは，信号が脊髄を通って脳に伝わり，脳から命令が出るのではなく，脊髄まで到達した段階で，脊髄から命令が出て筋肉に伝えられる。

意識して起こす反応のときは，信号が脊髄を通って脳に伝わり，脳が命令を出して，脊髄を経由して筋肉に伝えられる。

反射の反応時間は，信号が脊髄から脳まで伝わり，脳が判断し，出した命令が脊髄に伝えられるまでの時間の分だけ短くなる。

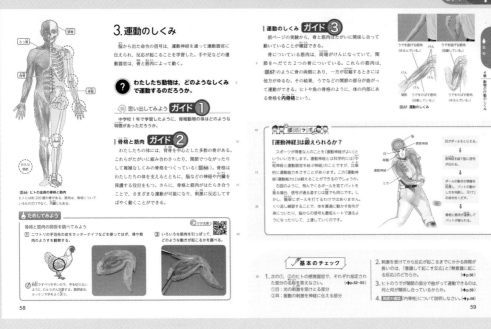

テストによく出る
重要用語等

☐骨格

☐内骨格

☐関節

☐けん

生命

ガイド ① 思い出してみよう

　脊椎動物の体の特徴は、背骨があることである。脊椎動物には、魚類、両生類、は虫類、鳥類、哺乳類があり、呼吸法はえら呼吸や肺呼吸に分類される。

ガイド ② 骨格と筋肉

　動物の体で、運動を行う部分を運動器官という。

　動物の体で、手足などの運動器官は、骨格と筋肉が協同してはたらくので、すばやく、力強く運動できる。

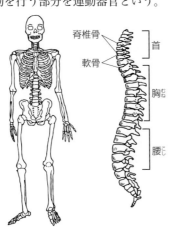

　哺乳類の体の中には、200個以上の骨が組み合わさった骨格がある。このように体の内部にある骨格のことを内骨格という。ヒトの体の中央には、じょうぶな背骨が通っている。背骨は、臼のような形をした脊椎骨が軟骨をはさんでつながったもので、曲げのばしができる。

ヒトの全身の骨格と背骨の構造

　骨についている筋肉は、両端がけんになっており、関節をへだてて2つの骨にしっかりついている。

ガイド ③ 基本のチェック

1. ①網膜　②うずまき管

　網膜には視覚細胞とよばれる感覚細胞が並んでおり、受けとった光の刺激を信号に変える。うずまき管の中はリンパ液で満たされ、その振動の刺激をうずまき管の感覚細胞が受けとる。

2. 意識して起こす反応

　意識して起こす反応では、刺激による信号が脊髄から脳に伝えられ、脳で認識・判断して命令が脊髄まで伝えられるまでにかかる時間が必要である。これに対して、無意識に起こる反応では、脊髄で感覚神経から運動神経に直接伝えられる。このため、反応が起こるまでの時間が短い。

3. 骨と筋肉

　関節をへだてた2つの骨は、筋肉のけんにそれぞれついており、この筋肉の動きによって関節の部分で曲がったりのばしたりする運動ができる。

4. (例)体の内部にある骨格のこと。

　ヒトや魚などは、体の内部に骨格があり、骨についた筋肉によって体を動かす。エビやトンボなどは、体の外側が骨格におおわれ、その内側についた筋肉によって体を動かす。このような骨格を外骨格という。

① あつこさんとかずやさんは，細胞の学習をする前に，図1のような顕微鏡の正しい使い方を学ぶことにした。

あつこ：この顕微鏡は，Xの部分が上下するタイプの顕微鏡だね。

かずや：顕微鏡はどこに置いて使えばいいのかな。暗いと観察できないよね。

あつこ：□①□ところに置いて使うんだよ。

かずや：それから，どのような順で操作すればいいのかな。

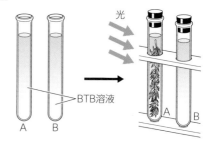

図1

【解答・解説】

(1) **ステージ**

ステージを上下してピントを合わせる。ステージ上下式の顕微鏡のほかに，鏡筒を上下させる鏡筒上下式の顕微鏡がある。ステージは調節ねじを回すことで上下できる。

(2) **(例)直射日光の当たらない明るい**

反射鏡から日光が入ると目を痛めるため，直射日光の当たらない明るい場所で顕微鏡を使う。

(3) **イ→ア→ウ**

顕微鏡の使い方を学んだ2人は，ある植物の細胞を観察した。図2は，観察した細胞を模式的に表したものである。

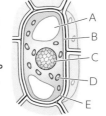

図2

【解答・解説】

(4) 記号…A　名称…**液胞**

記号…B　名称…**細胞壁**

記号…D　名称…**葉緑体**

植物の細胞も動物の細胞も，核，細胞質，細胞膜がある。植物のみに見られるつくりとして，袋状のつくりの液胞，細胞膜の外側に見られる厚くしっかりした仕切りの細胞壁，光合成にかかわる緑色の葉緑体がある。

(5) 記号…C　名称…**核**

染色液…**酢酸オルセイン溶液**（ほかに酢酸カーミン溶液，酢酸ダーリア溶液など。）

植物の細胞も動物の細胞も，酢酸オルセイン溶液等の染色液でよく染まる丸い粒を1個もつ。これを核という。

(6) **ア…酸素　イ…二酸化炭素　ウ…細胞呼吸**

多くの生物は，細胞内で酸素を使って養分を分解することで生きるためのエネルギーをとり出す。これを細胞呼吸という。細胞呼吸に使われるエネルギー源となる栄養分は，炭水化物などの有機物で，炭素と水素をふくむ。そのため，分解後には二酸化炭素と水が発生する。

---

② BTB溶液は酸性で黄色，中性で緑色，アルカリ性で青色を示す試薬である。また，二酸化炭素は水にとけると，その水溶液は酸性となる。これらをふまえて，2つの実験を行った。次の問いに答えなさい。

実験1

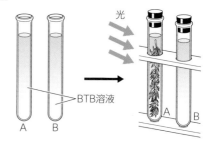

光

BTB溶液

A　B

① 同量の水を入れた2本の試験管A・Bを用意し，青色のBTB溶液を加えた。そして，ストローを使って，両方の試験管にじゅうぶんに息をふきこんだ。

② 2本の試験管のうちの1本にオオカナダモを入れ（試験管A），もう片方の試験管にはオオカナダモを入れなかった（試験管B）。これらの試験管を24時間じゅうぶんな光に当てた。

結果

● ①では，息をふきこんだあとの試験管の液体の色は，□ア□色になった。

● ②では，試験管Aの液体は□イ□色に変化したが，試験管Bの液体は□ア□色のままであった。

実験2 実験1のあとの試験管A・Bの液体だけを捨て，新しく同量の水を入れ，青色のBTB溶液をそれぞれに加えた。そして，両方の試験管を24時間暗室に置いた。

結果

● 試験管Aの液体は緑色に変化したが，試験管Bの液体は青色のままであった。

【解答・解説】

(1) **ア…黄　イ…青**

息にふくまれている二酸化炭素が水にとけると，その水溶液は酸性になり，BTB溶液は黄色を示す。植物は光に当たっている間は光合成と呼吸を

同時に行うが，光合成によって出入りする気体の量は，呼吸より多いので，光合成だけが行われているように見える。光合成によって水にとけた二酸化炭素が減少するため，BTB溶液の色はもとの青色にもどる。

⑵　対照実験

　調べたいことがら以外の条件を同じにする対照実験を行うことで，結果のちがいの原因を特定することができる。

⑶　(例)結果のちがいがオオカナダモのはたらきによることを明らかにするため。

⑷　(例)植物は，光合成では二酸化炭素をとり入れ，呼吸では二酸化炭素を出す。

　実験1と実験2のちがいは，光を当てているかいないかである。光合成には光が必要なため，実験1ではオオカナダモは光合成をしており，実験2ではオオカナダモは呼吸のみを行っている。実験1ではオオカナダモを入れた試験管の液体の色が黄色から青色に変化したため，二酸化炭素が減少している。実験2ではオオカナダモを入れた試験管の液体の色が青色から緑色に変化したため，二酸化炭素が増加している。この結果により，オオカナダモは光合成で二酸化炭素をとり入れ，呼吸で二酸化炭素を出していることが予想される。

⑸　(例)二酸化炭素以外に，BTB溶液の色を変化させる物質が出入りする可能性があるため。

　この実験では二酸化炭素が水にとけることによるpHの変化について情報が与えられ，二酸化炭素の増減に着目して実験を行っている。そのため，もし植物が二酸化炭素以外の物質でかつBTB溶液の色を変化させる物質を出入りさせるのであれば，⑷の仮説は事実とはいえない。

---

③葉の枚数や大きさがほぼ同じ枝を用意して，下図のような装置をつくった。そして，明るく風通しのよいところに一定時間置き，水の減少量を調べた。

A	B	C	D
葉はそのまま。	すべての葉の表にワセリンをぬる。	すべての葉の裏にワセリンをぬる。	葉をすべてとり，茎の切り口にワセリンをぬる。

（A：油，水）

【解答・解説】

⑴　(例)試験管の水が蒸発して減るのを防ぐため。

　この実験では，植物の蒸散のはたらきを調べる。Bは葉の表で蒸散できないようにし，Cでは葉の裏で蒸散できないようにしている。これにより，蒸散が行われる気孔が植物のどの部分に多いのかを調べることができる。蒸散した水の量を試験管の水の減少量を指標として調べるが，蒸散以外の要因で水が減少すると，蒸散した水の量が調べられなくなる。蒸散以外で水が減少する原因として考えられるのは，水が蒸発することであるため，蒸発を防ぐために水の上の部分に油を入れる。

⑵　蒸散

　根から吸い上げられた水は，植物の体の表面にある気孔から水蒸気として出ていく。これを蒸散という。

⑶　ウ

　水の減少量はA，B，C，Dの順で多かった。この結果からBとCを比較すると，葉の表から蒸散しないBよりも，葉の裏から蒸散しないCの方が蒸散した水の量が少ないことがわかる。蒸散は根から吸い上げられた水が気孔から水蒸気として出ていくことであるから，蒸散した水の量の多いBで気孔がふさがれていない葉の裏側の方が葉の表側に比べて気孔の数が多いことがわかる。

⑷　(例)水を吸い上げるはたらき

　水蒸気として蒸散する水は，根から吸い上げられた水である。このことから，蒸散するはたらきがさかんに行われているときは，植物の根で水を吸い上げるはたらきがさかんに行われていることがわかる。

---

④デンプンのりと唾液を用いて，下の手順で実験を行った。次の問いに答えなさい。

手順1　試験管A〜Dに1％デンプンのり10mLを入れ，試験管A・Bには水2mL，試験管C・Dにはうすめた唾液2mLを加えた。よく混ぜ合わせてから，約40℃の湯に10分間入れておいた。

手順2　試験管AとCにはヨウ素溶液を2，3滴ずつ加え，それぞれの色の変化を見た。

手順3　試験管BとDにはベネジクト溶液を少量加えて，ある操作をしたときの変化を調べた。

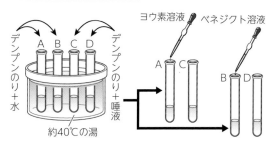

ヨウ素溶液 ベネジクト溶液

デンプンのり＋水 A B C D デンプンのり＋唾液

約40℃の湯

結 果 実験の結果は，下表のようになった。

ヨウ素溶液を加えた結果	Aは青紫色に変化	Cは ①
ベネジクト溶液を加えた結果	Bは変化なし	Dは ②

【解答・解説】

(1) イ

この実験は，唾液によってデンプンはどのような物質に分解されるのかを明らかにすることを目的としたものである。手順3で用いられるベネジクト溶液は，デンプンには反応しないが，麦芽糖やブドウ糖に反応する。これらの糖をふくむ液体にベネジクト溶液を加えて加熱すると，青色だったものが，黄色や赤褐色に変化する。そのため，手順3では液体を加熱して，ベネジクト溶液に対する反応を調べている。

(2) エ

手順2では，デンプンのりと水を入れた試験管Aと，デンプンのりと唾液を入れた試験管Cにヨウ素溶液を加え，それぞれの色の変化を見る。ヨウ素溶液はデンプンに反応して青紫色に変化する。デンプンのりと水を入れた試験管Aはデンプンのりのデンプンが残っているため，ヨウ素溶液を加えると青紫色に変化する。デンプンのりと唾液を入れた試験管Cは，唾液中のアミラーゼのはたらきでデンプンが分解される。そのためヨウ素溶液を加えても色は変化しない。

手順3では，デンプンのりと水を入れた試験管Bと，デンプンのりと唾液を入れた試験管Dにベネジクト溶液を加え，それぞれの色の変化を見る。加えた青色のベネジクト溶液は(1)で解説したように，デンプンには反応しないが，麦芽糖やブドウ糖に反応して黄色や赤褐色に変化する。デンプンが分解されると糖になるため，ベネジクト溶液は赤褐色に変化する。

(3) BとD

この実験で唾液を加えたのは試験管Cと試験管Dである。試験管Cによって唾液がデンプンを分解したことがわかる。試験管Dで分解されたデンプンが麦芽糖などに変化したことがわかる。

(4) 消化酵素

唾液や胃液，すい液には消化酵素がふくまれている。これが食物を分解して吸収されやすい物質に変える。消化酵素にはいくつかの種類があり，それぞれ決まった物質にだけはたらく。唾液にふくまれる消化酵素のアミラーゼは，デンプンを分解するが，タンパク質や脂肪にははたらかない。

5 たいちさんと先生の会話を読み，次の問いに答えなさい。

たいち：血液について質問があります。血液には a白血球，b赤血球，c血小板，d血しょうという成分があると学習しました。その中で，赤血球は球形ではなく，真ん中がくぼんだ円盤状の形である理由を教えてください。

先 生：右図より，赤血球の形で気づくことはないかな。

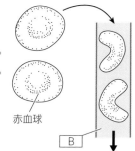

赤血球

たいち： A 。でも，なぜそのような必要があるのですか。

先 生：血液は体中をめぐるよね。血液は B といわれる細い血管も流れるんだ。赤血球が B の直径より大きな球形だとしたら，つまってしまうおそれがあるんだよ。

B

たいち：なるほど。よくできていますね。

先 生：理由はそれだけじゃないよ。e真ん中がくぼんだ円盤状の形であると，ただの球形よりも表面積が大きくなるんだよ。

【解答・解説】

(1) （例）

a…ウイルスや細菌などの病原体を分解する。

b…酸素を運ぶ。

c…出血したときに血液を固める。

d…栄養分や不要な物質をとかしている。

白血球はいろいろな形のものがある固形成分で，ウイルスや細菌などの病原菌を分解するはたらきをもつ。

赤血球は中央がくぼんだ円盤形の固形成分で，酸素を運ぶはたらきをもつ。

血小板は小さくて不規則な形をしている固形成分で，出血したとき血液を固めるはたらきをもつ。

血しょうは液体で，栄養分や不要な物質をとかすはたらきをもつ。

(2)　(例)せまいところを通るときに，折れ曲がるように形が変わっています

たいちさんのAの発言の後，先生は「血液は体中をめぐる」こと，赤血球をふくむ血液が「Bといわれる細い血管も流れる」こと，「赤血球がBの直径より大きな球形だとしたら，つまってしまうおそれがある」ことを話している。先生の発言から，赤血球が血管だけでなくBという細い血管も流れ，血管よりも赤血球が小さくなる必要がある話であることがわかる。また，たいちさんの発言からは，Bの存在を知識としてもっていないことが予想され，赤血球がより小さくなる必要性を知らないと推察できる。そのためAは，赤血球が変形して折れ曲がることが入ると考えられる。

(3)　毛細血管

心臓から送り出された血液が流れる血管を動脈という。動脈の壁は厚く弾力がある。心臓を出た動脈は，枝分かれをしながら全身に広がり，末端では毛細血管となる。毛細血管からしみ出した血しょうは組織液となり物質のやりとりを行う。毛細血管は合流しながらしだいに太くなって静脈となり，心臓にもどる。

(4)　(例)酸素と多くふれることができる。

赤血球には，ヘモグロビンという赤い物質がふくまれている。ヘモグロビンは，肺胞などの酸素の多いところでは酸素と結びつき，逆に酸素の少ないところでは酸素を放す性質をもつ。この性質によって，血液は肺で酸素をとりいれ，酸素を必要としている細胞に酸素をわたすことができる。赤血球の表面積が増えることで，酸素と多くふれることができ，赤血球のはたらきの効率を上げることができる。

(5)　①つくり…柔毛　利点…(例)栄養分を吸収する効率が上がる。

②つくり…肺胞　利点…(例)ガス交換の効率がよくなる。

①小腸の内側の壁にはたくさんのひだがあり，そのひだの表面には柔毛という小さな突起が多数ある。無機物や消化された栄養分は，おもに柔毛から吸収される。ブドウ糖，アミノ酸，無機

物は，柔毛の表面から吸収されるため，たくさん柔毛があることで栄養分を吸収する効率を上げることができる。

②肺は細かく枝分かれした気管支と，その先につながる多数の肺胞という小さな袋が集まってできている。肺胞内に入った空気中の酸素は，毛細血管を流れる血液にとりこまれて全身の細胞に運ばれ，細胞呼吸に使われる。

---

6 下図は，ヒトの血液循環を模式的に表した図である。次の①〜④の説明文にもっともあてはまる血管を図中のA〜Gから選び，記号で答えなさい。

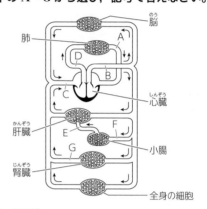

【解答・解説】

①　A

酸素は，肺の気管支の先につながる多数の肺胞を通って，毛細血管を流れる血液にとりこまれる。そして，全身の細胞に運ばれ，細胞呼吸に使われる。そのため肺で酸素をとりいれた動脈血が心臓にもどる肺静脈には，酸素がもっとも多くふくまれる血液が流れている。

②　E

栄養分は，小腸を通る間にほぼ完全に消化される。小腸では柔毛の表面からブドウ糖，アミノ酸，無機物が吸収され，柔毛の内部にある毛細血管に入り，肝臓を通って全身に運ばれる。そのため，小腸から肝臓に続く血管(毛細血管)には，ブドウ糖やアミノ酸がもっとも多くふくまれる。

③　G

アミノ酸が分解されると，二酸化炭素と水以外にアンモニアができる。アンモニアは血液によってまず肝臓に運ばれ，害の少ない尿素に変えられ，さらに腎臓へと送られる。腎臓では尿素などの不要な物質は，余分な水分や塩分とともに，血液中からこし出されて尿となる。腎臓のはたらきによ

って尿素などが尿となり体外に排出されるため，
腎臓を通ったあとのGでは尿素がもっとも少ない
血液が流れる。

④　D

　全身の細胞に酸素をわたしたあとの，二酸化炭
素を多くふくむ血液を静脈血という。また，心臓
から送り出された血液が流れる血管を動脈といい，
心臓にもどる血液が流れる血管を静脈という。静
脈血は心臓から肺動脈を通って肺に送られ，肺で
酸素をとり入れて二酸化炭素を出し，酸素を多く
ふくむ動脈血になる。

---

⑦下図は，反応が起こるときの刺激や命令の信号が
伝わる神経を示したものである。次の①，②の反応
が起こるとき，刺激や命令の信号はどのような順で
伝わるか，【　】に図の記号を順に並べなさい。また，
③について答えなさい。

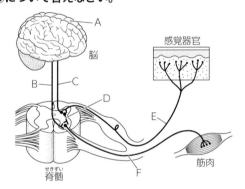

---

⑧ 思考力UP とおるさんは，刺激を受けとってから反応するまでの時間を調べる2種類の実験を行った。次
の問いに答えなさい。

実験1 〔準備物〕30 cm のものさし
〔方法〕
1.　2人1組で，ものさしを落とす役(A)とつかむ役(B)になる。
2.　(A)はものさしの上端を持って支え，(B)はものさしの0の目
盛りの位置にふれないように指をそえる。
3.　用意ができたら，合図なしに(A)はものさしを落とし，(B)は
ものさしが動いたらすぐにものさしをつかむ。
4.　ものさしが何 cm 落ちたところでつかめたかを読みとり，上図から要した時間を求める。

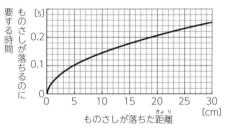

【解答・解説】

① E→C→A→B→F

　①は意識して起こす反応である。肩をたたかれ
た刺激を感覚器官が受けとり，信号が感覚神経(E)
を通り，脊髄(C)を経て脳(A)に伝えられる。脳は肩
をたたかれたことを認識し，脳から「ふり返れ」
という命令の信号が出され，脊髄(B)を通して運動
神経(F)に伝わる。この信号が運動器官である筋肉
に伝わって，ふり返るという反応になる。

② E→D→F

　②は無意識に起こる反応である。刺激に対して
無意識に起こる，生まれつきもっている反応を反
射という。感覚器官で受けとった刺激の信号が感
覚神経(E)を経て脊髄に伝えられると，脊髄から直
接，命令の信号が出される(D)。それが運動神経(F)
を通って筋肉に伝えられ反応が起きる。

③ 番号…②　理由…(例)感覚器官で受けとった刺
激の信号が脊髄に伝えられると，脊髄から直接，
命令の信号が出されるから。

　①と②の解答を比べると，②のほうは脳へ信号
が伝えられる前に脊髄から直接命令の信号が出さ
れる。そのため，②のほうが刺激を受けてから反
応が起こるまでの時間が短い。

【解答・解説】

(1)　0.18秒

　縦軸の0秒から0.1秒までに5目盛りあるため，
1目盛りは 0.1÷5=0.02秒　(B)が15cmのとこ
ろをつかんだときの反応時間は，「ものさしが落
ちた距離」が15cmのところの「ものさしが落ち
るのに要する時間」を参照する。グラフより，1目
盛りは0.02秒だから，0.02×9=0.18秒である。

（2）目

　生物にはたらきかけてなんらかの反応を起こさせるものを刺激，外界から刺激を受けとる器官を，感覚器官という。実験1では，(B)はものさしが動くという刺激を受けとり，ものさしをつかむという反応をすることを求められている。(B)はものさしにはふれないように0の目盛りの位置に指をそえており，皮膚(触覚)で刺激を受けとっているわけではない。ものさしが動くという刺激を目から受けとっている。

（3）5 cm の人…1.0 m

　23 cm の人…2.2 m

　グラフより，「ものさしが落ちた距離」が5 cmでつかんだ人は「ものさしが落ちるのに要する時間」，つまり反応時間が0.1秒である。また，「ものさしが落ちた距離」が23 cmでつかんだ人は，「ものさしが落ちるのに要する時間」，つまり反応時間が0.22秒である。

　「車の運転手が，突然人が目の前に飛び出してきたときに急ブレーキをふむまでの反応も，この実験と同じ反応時間と考えて」よい，という前提のため，5 cm の人は反応時間が0.1秒，23 cm の人は反応時間が0.22秒である。時速36 km の車の秒速は，$36 \div 60 \div 60 = 0.01$ km/s　つまり10 m/s である。5 cm の人がブレーキをふむまでに車が進んでしまう距離は，$0.1s \times 10m/s = 1.0m$　23 cm の人がブレーキをふむまでに車が進んでしまう距離は，$0.22s \times 10m/s = 2.2m$

実験2　〔準備物〕　ストップウォッチ

〔方法〕

1.　背中合わせに輪になり，となりの人の手首をにぎる。
2.　最初の人は，ストップウォッチをスタートさせると同時にとなりの人の手首をにぎる。にぎられた人は，さらにとなりの人の手首をにぎる。これを手を見ないようにして次々に行っていく。
3.　最後の人は，最初の人からすぐにストップウォッチを受けとっておき，自分の手首がにぎられたらストップウォッチを止める。
4.　全体でかかった時間から，1人あたりにかかったおよその時間を求める。

【解答・解説】

（4）①皮膚　②感覚　③中枢　④運動　⑤筋肉

　7①の類題。7では脳と脊髄が別々に表記されていたが，この問題では，③が「(認識と命令)③神経」とあるため，脳や脊髄からなる「中枢神経」が正解。中枢神経から枝分かれした末しょう神経には，感覚器官からの信号を中枢神経に伝える感覚神経や，中枢神経からの命令の信号を手や足などの運動器官や内臓に伝える運動神経がある。

（5）0.2秒

　最初の人は，スタートと同時にとなりの人の手首をにぎるので，計算する際の数には加えない。例えば5人で実験2を行う場合，ストップウォッチの時間には，2人目が刺激を受けて反応するまでの時間，3人目が刺激を受けて反応するまでの時間，4人目が刺激を受けて反応するまでの時間，5人目が刺激を受けて反応するまでの時間が記録されている。すなわち，5人で実験を行った際には，4人分の刺激から反応までの時間が計測されている。30人で実験を行った場合，29人分の刺激から反応までの時間が計測されている。よって，

1人あたりの反応時間は，

$6.0 \div (30-1) = 0.20\cdots$

四捨五入して小数第1位まで求めると，0.2秒。

（6）理由…(例)1回の計測では，大きな誤差があるかもしれないから。

改善…(例)複数回(3回程度)計測して，平均値を求める。

　1回の実験では，さまざまな要因で生じる誤差の影響を強くうけてしまう。この実験における誤差として，例えばふだんよりもストップウォッチへの反応が意識的に遅くなった，最初の人がストップウォッチを押すタイミングととなりの人の手首をにぎるタイミングがずれた，ストップウォッチ自体が不正確である，などの要因が考えられる。最低3回程度計測して，平均値を求めることで，ある程度誤差を小さくできる。もちろん，実験回数が多ければ多いほど，誤差は小さくなるし，誤差の大きい実験結果のみを対象外とすることも可能である。実験回数は費用対効果(費用には所要時間もふくまれる)を検討して決定される。

生命

ガイド 1　仮説

　生パイナップルでゼリーをつくろうとしても，ゼラチンが固まらない。それは，ゼラチンが主にタンパク質からできており，パイナップルにはタンパク質を分解する消化酵素がふくまれているからである。

　しかし，缶づめのパイナップルを使えばゼリーをつくることができる。それは，缶づめの工程のどこかで消化酵素のはたらきが失われているからであり，どの工程が関わっているかを考えることから，今回の探究ははじまる。工程は多いが，缶づめにしかない作業に注目したい。そもそも缶づめの工程のうち，洗う，皮をむく，輪切りにするといったことは，生のパイナップルを調理するときにも行うはずである。これらの工程が，消化酵素のはたらきを失うことと関係があるとは考えにくい。シロップや密封の影響もあるかもしれないが，さとしさんは加熱・冷却する工程に目をつけた。そこで，パイナップルの消化酵素のはたらきは，加熱したり冷却したりすることで失われるのではないか，という仮説が立てられる。

ガイド 2　計画

　仮説では，「加熱したり冷却したりすると」とまとめられているが，加熱と冷却をわけて検証することが大切である。

　よって，用意するゼリーは3つである。加熱したパイナップル，冷凍したパイナップル，そのままのパイナップルをそれぞれゼリーにのせる。このとき，パイナップル以外の条件をそろえることが重要である。ゼリーの温度もそろえる必要があるため，パイナップルの温度は，のせる直前にはすべて常温にそろえておく。

　実験の中でゼリーがとけた場合，それはパイナップルの消化酵素のはたらきは失われずに，ゼリーのゼラチンを分解しているということである。

ガイド 3　結果・考察

　実験の結果，のせたパイナップルが加熱したものの場合，ゼリーはとけなかったが，ほかのものはとけた。

　つまり，加熱したパイナップルをのせても，ゼリーを固めるゼラチンは分解されなかったということである。これはすなわち，加熱したパイナップルの消化酵素のはたらきが失われていることでもある。

　一方，冷凍したパイナップルやそのままのものについては，ゼリーがとけており，消化酵素のはたらきが見られた。

　これらのことから，パイナップルの消化酵素のはたらきが失われる条件は加熱することだとわかる。

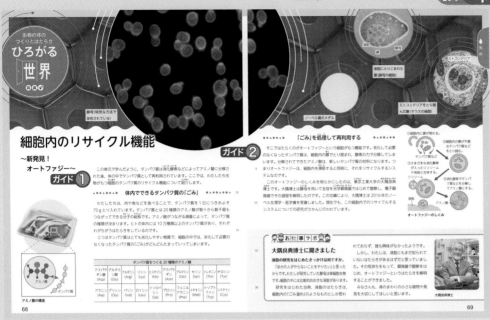

ガイド 1 　体内におけるタンパク質

　タンパク質は，筋肉や臓器などの主要な成分になるだけでなく，身体の機能を調整するホルモンや酵素，抗体などの材料にもなる。このことからもわかるように，タンパク質は身体のさまざまな機能を支える重要な栄養素である。

　ヒトの身体にあるタンパク質に限らず，タンパク質は 20 種類のアミノ酸からなる。アミノ酸が立体的に組み合わさる，あるいは金属や色素などの物質と結合するなどして，タンパク質は非常に多くの種類にわかれて，それぞれ固有の構造をもっている。

　ヒトの身体の場合，20 種類のアミノ酸のうち，11 種類は糖質や脂質から合成することができる。体内で合成できるこれらのアミノ酸を「非必須アミノ酸」とよぶこともある。一方，残りの 9 種類は，人の体内で合成することができず，食品からとる必要がある。こうしたアミノ酸を「必須アミノ酸」とよぶ。

〈必須アミノ酸〉
バリン，ロイシン，イソロイシン，トレオニン，リジン，メチオニン，フェニルアラニン，トリプトファン，ヒスチジン

　必須アミノ酸は，偏った食生活をしなければ不足することはほとんどないといわれている。

ガイド 2 　オートファジー

　オートファジーとは，「自食作用」ともよばれており，不要になったタンパク質を分解して，新たなタンパク質を合成する材料にしたり，細胞の中をきれいにしたりするはたらきであることがわかっている。これにより，食事でとりきれないタンパク質を補い，生命の維持に大きな役割を果たしていると考えられている。オートファジーのしくみは，細胞が不要タンパク質などを，リソソームや液胞に送りこんで，分解させるというものである。

　このしくみを明らかにしたのは，大隅良典博士であるが，約 30 年前にオートファジーを発見して以来，しくみの解明を目指して研究を続けているという。

　パーキンソン病などの神経疾患の一部は，オートファジーがうまくはたらかず，異常なタンパク質が脳にたまることが原因であると，動物実験でわかっている。オートファジーの研究は，こうした病気の解明にもつながると考えられている。一方で，未だに明らかにされていないことも多く，新しい技術を活用した研究が進められている。

ガイド① 地球の大気と天気の変化

　天気の変化は，わたしたちの日常生活や経済活動などにさまざまな影響を与えている。例えば，農業では，作物の生育や収穫量に深く関係し，交通機関の運行も天気の状況に左右されることが多い。衣類や冷暖房機器，食料品の売れ行きも，天候の影響を受ける。天気の長期予報は，日常生活だけでなく，経済活動にも大きな影響をおよぼす。例えば，今年の夏は猛暑になるという長期予報が出されれば，家電メーカーはエアコンの増産に向けて生産計画を検討することになる。

　逆に，わたしたちの日常生活の行動や経済活動は，長い目で見ると，気候や天候に影響を与えている。18世紀の産業革命以後，石油や石炭などの化石燃料の大量消費によって，大気中の二酸化炭素の濃度が上昇している。また，牛や羊のように食用などを目的にした家畜も数多く飼育されているが，これらの動物は，胃の中に生息する微生物のはたらきで草を消化し，胃の中で発生したメタンをゲップをして大気中に放出する。そのため大気中のメタンの濃度も上昇している。

　地球は太陽熱を受ける一方で，熱を宇宙空間に放出している。このバランスによって地球の気温はほぼ一定に保たれてきたが，大気中の二酸化炭素やメタンは，熱が宇宙空間に逃げていくのを妨げるはたらきをするため，地球の平均気温は上昇を続けてい

ると考えられている。これを地球温暖化という。

　地球温暖化によって，海水温も上昇している。そのため，遠く南の海洋で発生した台風が，日本列島に接近してもその勢力におとろえを見せずに，むしろ超大型台風に成長して，大きな被害をもたらすこともある。

　近年，世界各地で集中豪雨による洪水，あるいは干ばつなどの異常気象が目立つようになってきているが，これらも地球温暖化の影響ではないかと考えられている。

ガイド② 「夕焼けは晴れ，朝焼けは雨」

　夕焼けは西の空にできる。日本の天気は，地球への大気の大きな動きの影響で，西から東に天気が変わっていく。したがって，西の空が晴れていれば次の日は晴れ。また，朝焼けは東に見える。東が晴れていることを示している。春と秋は高気圧と低気圧が交互に来ることが知られており，東が晴れで高気圧であれば，次は低気圧が通過して天気がくずれることが多い。

ガイド① つながる学び

1 気温は，風通しのよい場所で，地面から 1.2〜1.5 m の高さで，直射日光が当たらないようにしてはかる。そもそも，
- 太陽の光によって地面があたためられる。
- 地面によって地面のそばの空気があたためられる。
- あたためられた空気が流れることで，空気全体があたためられる。

の順番で温度が変化する。つまり，太陽の光が直接空気をあたためているわけではないことに注意しよう。直射日光が温度計に当たったまま温度をはかっても，太陽の光で直接あたためられた温度計の温度しかわからず，気温をはかっていることにはならないので，気をつけよう。

また，地面からの高さで温度が大きく変化するため，はかる場所の高さの条件をそろえておく必要がある。このことから，気象庁も気温をはかるときの高さは 1.5 m を基準としている。

2 約 100 g の物体にはたらく重力の大きさ（重さ）は 1 N である。「約」とあるように，厳密な数値とはわずかに異なるが，この教科書および教科書ガイドでは，100 g の物体にはたらく重力の大きさを 1 N として考える。

ガイド② 学習の課題

机の上に，取っ手つきのゴム板を置いて，上に引っぱってみても，なかなか取れない。これは，ゴム板に大気による力がはたらいているからである。この場合は，大気の重さによる力でゴム板が机に押しつけられている。そして，地表にあるものには，すべて大気の重さによる力がはたらいている。

また，大気の重さによる力がはたらくのは下向きだけではない。中の空気をぬいたペットボトルがへこむように，大気の重さによる力は，あらゆる向きから物体の表面に垂直にはたらいている。図で表してみると，以下のようになる。空気をぬく前には，ペットボトルの内側にも大気の重さによる力がはたらいている。

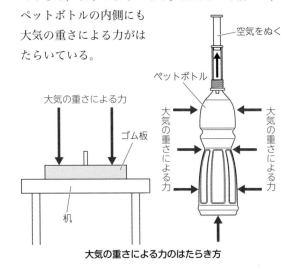

大気の重さによる力のはたらき方

テストによく出る
重要用語等

- □圧力
- □パスカル(Pa)
- □ニュートン毎平方
  メートル(N/m²)
- □大気圧(気圧)
- □1気圧

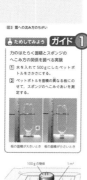

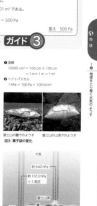

ガイド ①　ためしてみよう

　ペットボトルをのせる板の面積を小さくすると，スポンジのへこみ方は大きくなる。

　スポンジが大きくへこむということは，それだけ板がのっている部分に力がはたらいているということである。いいかえると，力がはたらく面積が小さくなった分，面を押す力が大きくなったということである。

ガイド ②　圧力

　面を押す力のはたらきを圧力という。圧力は，一定の面積の面を垂直に押す力の大きさで表すことができる。そのため，圧力を求めるには，「はたらく力の大きさ」だけでなく，「力がはたらく面の面積」も必要になる。教科書 p.74 にある圧力を求める式を見て，力の大きさと力がはたらく面積から求めていることを確かめておこう。

　この式を使うときには，単位に注意しよう。力の大きさなので，単位は，g や kg ではなく，重力の大きさである N(ニュートン)を使う。「力がはたらく面積」は分数の分母となっており，これが小さくなると分数自体の値は大きくなる。ペットボトルをのせる板の面積(力がはたらく面積)が小さくなると，面を押す力(圧力)が大きくなることは，この式で説明できる。

ガイド ③　練習問題

　例題と同じ条件なので，ペットボトルにはたらく重力の大きさは 5 N である。

　10000 cm² = 1 m² より，1 cm² = 0.0001 m²。よって，板の面積は，25 cm² = 0.0025 m² である。

$$圧力 = \frac{力の大きさ}{面積} より，$$

$$圧力 = \frac{5\ N}{0.0025\ m^2} = 2000\ N/m^2 = 2000\ Pa$$

　よって，答えは 2000 Pa である。例題と同じ条件で，板の面積だけ小さくなっているので，教科書 p.74 の内容から，圧力が大きくなることがわかる。つまり，答えを求めてみて，例題の答え(500 Pa)より小さければ，明らかに誤りがあるとわかるので，見直しのときには気をつけよう。

ガイド ④　話し合ってみよう

　袋の外から菓子袋にはたらくのは大気圧，つまり大気の重さによる力である。また，袋の中の気体にも圧力があり，内側から袋を押している。

　教科書 p.75 図 6 を見てみよう。大気が筒のようにかかれていることがわかるだろう。この筒が，地表を押しつける大気だと考えてみよう。すると，山頂を押しつける方の筒が，山の高さの分だけ短くなっている。その分，大気が少なくなるので，大気圧は小さくなる。そのため，山頂では外から袋を押す力が小さくなり，菓子袋がふくらむのである。

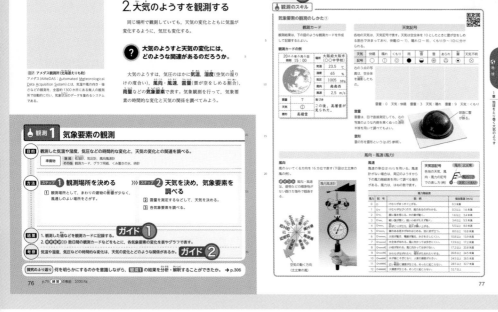

テストによく出る
重要用語等

□気温
□湿度
□風向
□風速
□雲量
□雨量
□気象要素
□天気記号
□天気図記号

テストによく出る
器具・薬品等

□風向風速計

地球

ガイド 1 結果（例）

1.　教科書 p.77 の左上に，観測カードの例が示されている。

　観測日時，観測場所，気温，湿度，気圧，風向，風速，雲量，天気，雲形，気づきが記録されている。

　気温，湿度，気圧は天気の変化をつかむ上で大切な指標となる。決まった場所で何度も記録をとることで，時間とともに天気がどのように変化するかをとらえることができる。

　観測カードだけでは天気の変化をとらえにくいので，グラフにするとよい。

　例えば，横軸に月日・時刻をとって，縦軸に気温，湿度，気圧をとればよい。月日・時刻と気圧だけのグラフもあれば，月日・時刻と気温，湿度など縦軸に複数の項目をとることもある。

2.　（例）

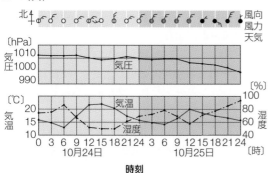

ガイド 2 考察

　ここでは，気温と湿度の変化について考察する。全体的に見て，気温が上がったときには，湿度が下がっている。また，逆の関係も見られる。このように，気温と湿度の変化には規則性があるのではないかと考えられる。天気と気圧については，教科書 p.79 でもう一度考えてみよう。

テストによく出る！

◆ 気象要素

　気圧，気温，湿度，風向・風力などを，気象要素という。天気図に記入する気象要素は，下図のようにかく。

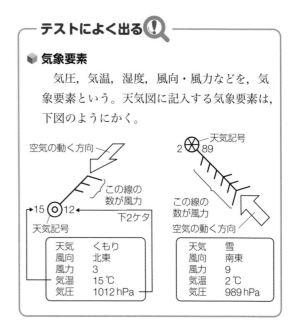

天気	くもり
風向	北東
風力	3
気温	15 ℃
気圧	1012 hPa

天気	雪
風向	南東
風力	2
気温	2 ℃
気圧	989 hPa

テストによく出る
器具・薬品等

□アネロイド気圧
　計
□乾湿計
□湿度表

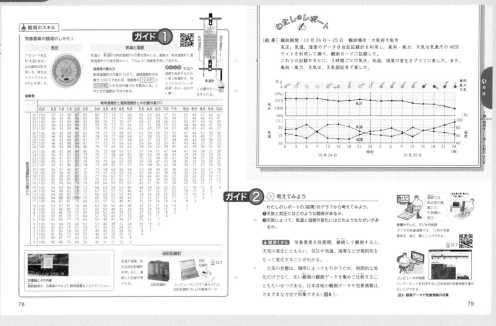

ガイド 1　湿度のはかり方（乾湿計をつかうとき）

　気温と湿度の両方を調べるときには，乾湿計を用いている。乾湿計には2つの温度計がつけられている。一方は何も巻かれていない乾球温度計，もう一方は先がガーゼで巻かれた湿球温度計という。温度計のほかには小さなコップがとりつけられており，それにくみ置きの水を入れて，湿球温度計のガーゼを湿らせる。

　気温をはかるときは，乾球温度計の示度（温度計が示す温度のこと）を読みとる。湿度をはかるときは，乾球温度計と湿球温度計の示度の両方を読みとり，これらの差を求める。そして，湿度表を見て，乾球温度計の示度が指す行と，示度の差がさす列の交わる部分をさがす。交わった部分に書かれている値が湿度（単位は％）である。

　湿度が100％でないかぎり，湿球温度計は乾球温度計より低い温度を示す。それは，湿球温度計のガーゼから水が蒸発するときに熱をうばって温度を下げるからである。これが乾湿計で湿度がわかるしくみである。湿度が低いほど（空気が乾燥しているほど）水は蒸発していくので，水の蒸発にともない熱がうばわれて，乾球温度計と湿球温度計の示度の差が大きくなっていく。

ガイド 2　考えてみよう

　教科書p.76観測1の結果がレポートの側としてまとめられている。p.45ガイド2では，気温と湿度の変化について考察したので，ここでは天気と気圧の変化を見ていこう。

1　まずは天気がどのように変化したかを見よう。教科書p.77で天気図記号の意味を確認しよう。10月24日の天気は○（快晴）か，①（晴れ）であり，1日中晴れていたことがわかる。25日は，3時から記号が◎（くもり），15時からは●（雨）となっている。

　次に気圧の変化を見ると，10月24日はあまり変化が見られなかったのに対して，25日は12時から下がり始め，天気が雨になった時間とだいたい重なる。よって，天気が雨になると気圧が下がるという関係が考えられる。

2　1日中晴れていた10月24日は，朝から昼間にかけて気温が上がり，湿度が下がっている。一方，25日は，12時までは気温が上がり，湿度が下がっている。しかし，天気が雨になり始めた15時からは，気温は下がり，湿度が上がっている。このことから，昼間に晴れていると，気温が上がって湿度が下がるが，雨がふると，昼間であっても，気温が下がり湿度が上がることがわかる。

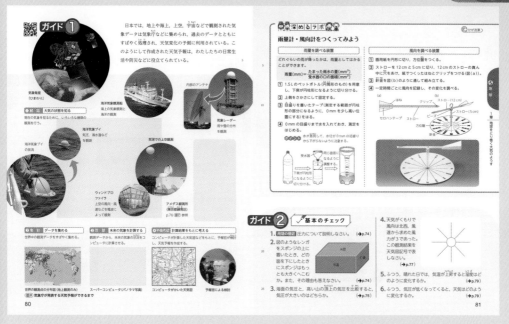

地球

ガイド 1 　いろいろな種類の気象観測

　気象情報は，気象衛星，気象レーダー，海洋気象ブイ，ウィンドプロファイラ，各地の観測所(アメダス)などを用いて，つねに収集されている。観測で得られたデータをもとにして，天気予報が出される。

◎気象衛星「ひまわり」

　2020年現在日本で運用されている気象衛星は，ひまわり8号である。2015年7月7日に，ひまわり7号にかわり正式に運用され始めた。ひまわり8号は，世界最先端の観測能力を有する気象衛星である。7号に比べて水平分解能は2倍になり，フルディスク(全地球)観測の所要時間を30分から10分に短縮した。また，バンド(チャンネル)数の増加により，画像が白黒からカラーになった。さらに，雲・水蒸気・氷の区別や，黄砂・噴煙・花粉などの観測もできるようになった。

◎気象レーダー

　気象レーダーは，地上から発射した電波の反射データから，雨や雪の位置，風向・風速などを観測するレーダーで，日本には気象庁が設置した20基のほか，航空気象台や国土交通省が設置した26基がある。気象庁では，気象レーダーのデータを用いて，5分おきに降水強度などの分布を作成している。

◎海洋気象ブイ

　海の上を漂流しながら，自動的に観測した気象情報を送信するロボット。日本では2000年から運用している。

◎ウィンドプロファイラ

　地上から上空に向けて電波を発射し，反射してもどってくるデータをもとに，風向・風速を測定する装置。日本全国に33カ所設置されている。

ガイド 2 　基本のチェック

1.　一定面積あたりの面を垂直に押す力の大きさ。

2.　C面。レンガの重さが一定であるため，面積が小さいC面を下にしたときの圧力が大きくなるから。

3.　気圧が大きいのは海面。
　　上方の空気の重さが気圧となる。海面より上には，山頂から上と比べて，より多くの空気があると考えられる。

4.
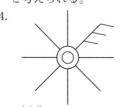

5.　湿度は下がる。

6.　気圧が低くなると，天気が悪くなる(雨になる)。

ガイド 1　大気中に存在する水蒸気

テーブルの上に置かれたコップの中の水の表面は，静止してまったく動いていないように見える。しかし，物理的な視点では，水の分子(水を構成する粒)は振動している。

空気と水が接するところでは，水面から空気中へ飛び出していく水分子があり，逆に，空気中から水面に飛びこむ水分子もある。そして，水面から空気中に飛び出していく水分子の数のほうが，空気中から水面に飛びこむ水分子の数よりもわずかに多いため，やがてコップの中の水はなくなってしまう。

このように，水は沸騰していなくてもつねに蒸発しているので，放置したコップの中の水はいつの間にか空っぽになってしまうのである。雨上がりの水たまりがいつの間にかなくなってしまうのも，同じ現象である。しかし，このとき，コップの中の水や水たまりの水は消滅してしまうのではなく，空気中に水蒸気として存在しているのである。

ガイド 2　ためしてみよう

ビーカーAでは霧が発生した。これは，ビーカー内の空気には，ぬるま湯から蒸発した水蒸気がふくまれており，この水蒸気が保冷剤によって冷やされ，線香のけむりの粒子を芯として水滴になったものと考えられる。

一方，ビーカーBでは霧が発生しなかったが，これは，ぬるま湯を入れなかったので，ビーカー内の空気には十分な量の水蒸気がふくまれていなかったためと考えられる。

ビーカーBのような実験を対照実験ということは，すでに学習した。対照実験は，実験結果の原因を特定するために，原因と思われる条件(ここではぬるま湯を入れること)以外の条件をすべて同一にして行う。

ガイド 3　霧のでき方

地面は，昼間，太陽光を受けてあたためられるが，太陽からの熱の供給のない夜間になると，上空に雲がなければ，宇宙空間に向けて熱を放射し，地表付近の気温は大きく低下する。これを放射冷却という。上空に雲があるときは，熱が宇宙空間に逃げていくのを妨げられるので放射冷却は起こらず，地表付近の気温はあまり低下しない。

雨上がりなど，空気中に水蒸気がたくさんふくまれているときに放射冷却が起こると，水蒸気が冷やされて小さな水滴になる。これが霧である。放射冷却が起こるのは，夜間から早朝なので，霧が発生するのもその時間帯が多い。

太陽がのぼって地面があたためられ，それにつれて気温が上昇するとともに，発生した霧は再び水蒸気になって，空気中に消えていく。

2. 雲のでき方

　図11のように、気温が上がった昼間に、上空に向かって大きくふくらみ広がりながらできる雲が見られることがある。雲は、上昇する空気中にできた小さな水滴や氷の粒の集まりで、冷たい地面などに空気がふれてできた小さな水滴ではない。

空気が上昇・下降するしくみ　ガイド①

　空気はあたためられると上昇するが、冷やされると下降する（図13）。また、あたたかい空気（暖気）と冷たい空気（寒気）がぶつかると、暖気と寒気はすぐには混じり合わず、暖気は寒気より密度が小さく軽いために、寒気の上を上昇する。ほかにも、空気が山の斜面に沿って上昇することもある。このような上昇する空気の動きを**上昇気流**といい（図11、図12）、下降する空気の動きを**下降気流**という。上昇気流によってさまざまな雲が発生することがある（図14）。

ガイド① 空気が上昇・下降するしくみ

　太陽からの熱によって地面があたためられると、地面は熱を放射し、それによって、地表の空気はあたためられる。あたためられた空気は膨張し、膨張した空気は上空へと上昇する。これが上昇気流である。

　あたたかい空気（暖気）と冷たい空気（寒気）がぶつかったときにも上昇気流は生じる。ぶつかったときに暖気と寒気はすぐに混じり合わないので、暖気は寒気の上を上昇する。また、日中、太陽からの熱によって山の斜面があたためられると、その上の空気は上昇するが、そこへ平地部から空気が流れこみ、山の斜面を上昇する気流が発生する。

　上昇した空気は、上空で冷やされて重くなり、地表に向かって降りてくる。これが下降気流である。下降気流はふつう寒気であることが多いが、フェーン現象では、山の斜面を降りてくる下降気流は、あたたかくて乾いた空気である（教科書 p.116 参照）。

ガイド② 雲の名前に使われる漢字の意味

　雲はその形により、教科書 p.85 図 14 のような10種類に分けられている。雲の名前に用いられる漢字は以下のような意味がある。

積：かたまり状になっている雲をさす。垂直な方向に上昇気流が起こっているところに発生しやすい。

層：空を層状または幕状におおう雲をさす。多くは斜面をはい上がるような上昇気流によって生じる。

乱：雨や雪を降らせる雲をさす。

巻：上層（高さ 5〜13 km）の雲をさす。

高：中層（高さ 2〜7 km）の雲をさす。

ガイド③ 雲形

　雲の形を雲形という。雲のできる高さや形から10種類に分けられている。下層雲では層雲と層積雲、中層雲では高積雲、高層雲、乱層雲がある。高層雲では、巻層雲、巻積雲、巻雲がある。また垂直に発達する雲として、積乱雲、積雲がある。

ガイド 1 雲ができるしくみ

気圧は海面から上昇するにつれ低くなる。そのため，地表付近の空気は上昇すると教科書 p.86 図 17 の菓子袋のように，膨張して体積が大きくなる。このようにして，雲は上昇気流の中でできる。

ガイド 2 ためしてみよう

風船をふくらませて大気中に置くと，風船がちぢもうとする力（⟹），大気圧が風船を押す力（➡），風船内の空気が風船を広げようとする力（➡）がはたらいている。大気中に放置された風船は，これら 3 つの力がつり合った状態を保っている。

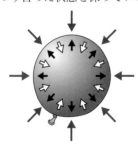

容器の中の空気をぬいていくと，容器内の気圧が下がり，ゴム風船を押す力（➡）が小さくなる。そのため，風船はふくらむのである。

ガイド 3 結果

ピストンを引くと，フラスコ内が白くくもった。このとき，フラスコ内の温度は下がっていた。

ピストンを押すと，フラスコ内のくもりは消えた。このとき，フラスコ内の温度は上がっていた。

ガイド 4 考察

1. 体積が増加すると，温度は下がり，体積が減少すると，温度は上がる。
2. 温度が下がると，白いくもりが発生し，温度が上がると，白いくもりは消える。
3. ピストンを引くと，閉じこめられた空気全体の体積が増加して，温度が下がる。温度が下がると，フラスコ内の空気にふくまれていた水蒸気が水滴となって，白くくもるのである。

解説 気圧

海面と同じ高さでの気圧の平均は約 1013 hPa であり，観測地点の高度が高くなるにつれて気圧は小さくなる。高度の異なる地点の気圧を比べるときは，上空での観測値を海面の高さでの値に直して用いる。

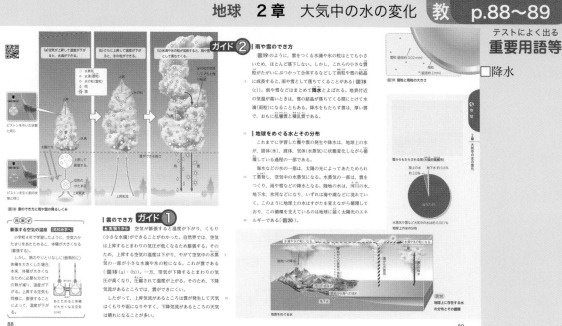

ガイド 1 雲のでき方

　あたためられた空気のかたまりは，上昇するにしたがって気圧が低くなるので膨張し，その温度が下がる。やがて，空気中の水蒸気の一部が小さな水滴や氷の結晶となる。この水蒸気が水滴になるときの温度を露点という(教科書 p.91 参照)。

　小さな水滴や氷の結晶は，上昇気流に支えられて，上空に浮かんでいる。これが雲である。

　したがって，雲は上昇気流のあるところで発生し，下降気流のあるところでは，晴天になることが多い。

ガイド 2 雨や雪のでき方

　雲をつくっている小さな水滴や氷の結晶，すなわち雲粒がくっつき合って，しだいに大きくなると，上昇気流では支えられなくなり，落下してくる。これが雨や雪である。このような，雲粒が雨や雪となって地上に降る現象をまとめて降水という。

　地表に達した水滴が雨，氷の結晶がとけないで地表に達したものが雪である。

　降水をもたらす雲は，地上から濃い灰色に見える厚い雲で，おもに乱層雲と積乱雲である。

　乱層雲は雨雲ともいわれ，雨がしとしと長時間降り続くことが多い。積乱雲は雷雲ともいわれ，雨は大粒で激しいが，一日中降り続くことはない。

解説 水の循環

　地球は「水の惑星」といわれるように，太陽系の他の惑星とちがい，水が豊富である。水は，温度により，固体→液体→気体とその状態を変える。地球が太陽から適度な距離にあるため，地球上の水のほとんどは液体の状態で存在する。これは，生命の誕生・進化にとっては幸運なことであった。生物の体内において，栄養分や不要物の移動が体液で行われていることを見れば明らかであろう。

　地球上には約 13 億 4000 万 km³ の水が存在するといわれるが，その 97.4％が海水であり，残りの 2.6％が淡水である。しかし，淡水の 70％は氷河や極地方の氷であり，29.2％が地下水である。地表にある淡水は 0.8％であり，地球全体の水からすると，わずかに 0.02％にしかすぎない。もし，水の循環がないとすると，これらの水はあっという間に干上がってしまうのにちがいない。多くの生物が生命を維持できるのは水の循環のおかげなのである。

　1 年間の降水量をみると，陸地では約 110 兆 t であり，海では約 390 兆 t で，合計で約 500 兆 t である。一方，蒸発量は，陸地からは，植物からの蒸散量もふくめて，約 70 兆 t であり，海面からは約 430 兆 t で，合計約 500 兆 t である。つまり，降水量と蒸発量がつり合っているので，地球全体の水の量は変わらないことになる。

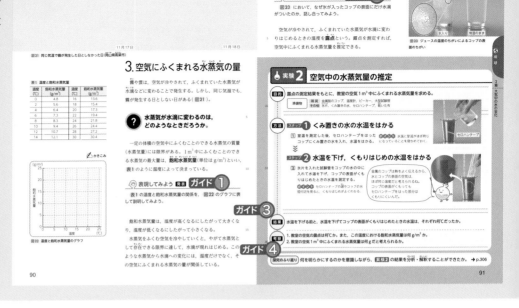

テストによく出る⚠️

- **飽和水蒸気量** 空気中にふくむことのできる水蒸気の量には限度があり、限度をこえると水蒸気は水滴になる。空気 1 m³ 中にふくむことのできる水蒸気の最大量を飽和水蒸気量といい、この量は温度によって決まっている。単位は g/m³ を用いる。
- **露点** 空気中の水蒸気が冷やされて水滴に変わるときの温度を露点という。露点は空気中にふくまれる水蒸気量によって変わる。

ガイド 1 表現してみよう

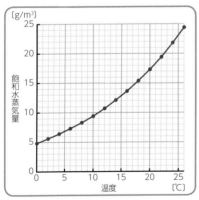

飽和水蒸気量は、温度が高くなるにしたがって大きくなる。

ガイド 2 話し合ってみよう

教科書 p.91 図 23 の左のコップは、氷によって温度が下がり、コップに触れた空気中の水蒸気が冷やされて水滴に変わったと考えられる。

ガイド 3 結果(例)

- 冷やす前の水温 20 ℃
- くもりはじめの水温 14 ℃

ガイド 4 考察

1. コップの表面がくもり始めたのは、空気中の水蒸気が水滴に変わったためであり、このときの温度が露点になる。したがって、結果(例)のときの露点は 14 ℃である。

   また、このときの飽和水蒸気量は、教科書 p.90 表 1 より、12.1 g/m³ である。

2. 教室の中の空気 1 m³ にふくまれる水蒸気の量は、教室の温度が何℃であっても、上の実験をしたときの露点における飽和水蒸気量と変わらない。したがって、14 ℃のときの飽和水蒸気量と等しく、12.1 g/m³ である。

ystem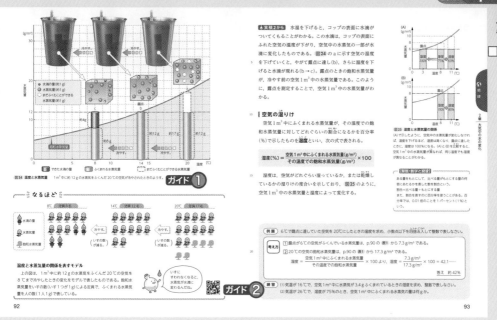

ガイド 1　温度と水蒸気量

　飽和水蒸気量は，気温が上がるにつれて大きくなる。つまり，温度の高い空気ほど，多くの水蒸気をふくむことができる。

　教科書 p.91 実験 2 で，14 ℃でコップがくもり始めたとすると，教室の空気 1 m³ 中にふくまれる水蒸気の量が，14 ℃のときの飽和水蒸気量 12.1 g と一致したので，水滴に変わり始めたのである。これを示したのが下の図である。

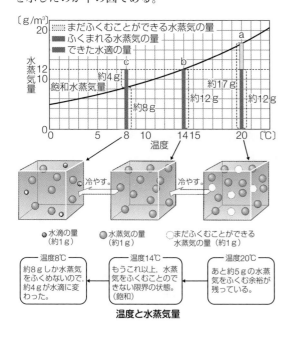

温度と水蒸気量

テストによく出る！

❖ **湿度**　空気 1 m³ 中にふくまれる水蒸気量が，その温度での飽和水蒸気量に対してどのくらいの割合になるかを百分率（パーセント）で表したもの。

湿度〔%〕
$$=\frac{空気1m^3中にふくまれる水蒸気量〔g/m^3〕}{その温度での飽和水蒸気量〔g/m^3〕}\times100$$

ガイド 2　練習

(1)　教科書 p.90 表 1 から 16 ℃のときの飽和水蒸気量は 13.6 g/m³ である。したがって，
$$湿度=\frac{3.4\,g/m^3}{13.6\,g/m^3}\times100=25\cdots$$
答え　25%

(2)　求める水蒸気の量を x〔g/m³〕として，わかっている値を公式に代入して計算すればよい。気温 26 ℃のときの飽和水蒸気量は 24.4 g/m³ だから，
$$75=\frac{x}{24.4\,g/m^3}\times100 \ \ より \ \ x=18.3\,g/m^3$$
答え　18 g

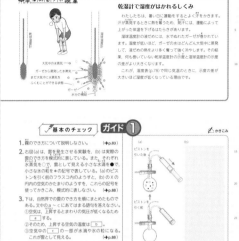

ガイド 1 　基本のチェック

1.　風がない晴れた夜には，地表の温度が大きく下がる。このように，地表付近の空気が冷やされ，温度が露点（ろてん）に達して水蒸気（すいじょうき）が水滴（すいてき）になることで，霧（きり）ができる。

2.

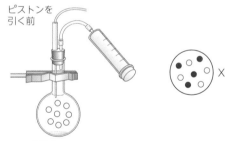

ピストンを
引く前

3.　a：膨張（ぼうちょう）　　b：下がる　　c：水蒸気

4.　空気中の水蒸気が冷やされて水滴に変わるときの温度。

5.　空気 1 m³ 中にふくまれる水蒸気量が，その温度での飽和水蒸気量（ほうわすいじょうきりょう）に対してどれぐらいの割合（わりあい）になるかを百分率で示したもの。

ガイド 2 　つながる学び

1　晴れた日は 1 日の気温の変化が大きく，くもりや雨の日は気温の変化が小さい。空気は地面から放出される熱であたためられる。晴れた日には，地面は多くの太陽光を受けるので，放出される熱も多く，気温は大きく上昇（じょうしょう）する。一方，太陽の高度が低くなったり，夜間になったりすると，宇宙（うちゅう）に放出される熱が多くなるので，気温は大きく低下する。つまり，晴れの日は，全体として気温の変化が大きくなる。

　くもりや雨の日は，地面が受ける太陽光は少なく，放出される熱も少ないので，気温はあまり上がらない。しかし，雲にさえぎられて，宇宙に放出される熱も少ないので，気温はあまり下がらない。つまり，くもりや雨の日は，全体として気温の変化は小さくなる。

2　地上から見た雲は，台風などでないかぎり，ふつうは西から東へとゆっくり移動している。黒っぽい雲の量がふえてくると，雨になることも多い。西の空に雲が少ないときには，その後は晴れであることが多い。

3　雲の動きと同様に，天気はふつう西から東へと変化していく。これには，日本の上空を西から東へとふく偏西風（へんせいふう）が大きくかかわっている（教科書 p.107 参照）。

図26 気圧の差によって気体が動く例
ペットボトル内の空気は密が高まり、空気は外から送られてきた気体が圧 まり、ペットボトル内の気圧よりも気圧が低くなっている。ふたを開けると、中の気体は気圧の低い外へ出ていく。

図27 同じ時刻に各地で測定した気圧（海面更正後）

❶ 海面更正
測定した気圧を海面と同じ高さの値に直すため。測定地点の標高が高さ10 mごとに約1.2 hPaずつ加える。

高さ100 mの山の上で観測された気圧が1000 hPaだと…
$1000 + 1.2 \times \dfrac{100}{10} = 1012$

図28 各地の気圧と気圧配置
型の風は高気圧、値は低気圧を表す。等圧線は1000 hPaを基準に、4 hPaごとに細い実線で結び、さらに、20 hPaごとに太い実線で結ぶ。

1. 風がふくしくみ

わたしたちが地表で感じる風は、水平方向の大気の動きである。

？ 大気はどのようにして動き、天気とかかわっているのだろうか。

大気は力がはたらくことで動く。同じ高さの場所で、気圧に差があれば、気圧の高いほうから低いほうへ大気を動かそうとする力がはたらき、風を生じる（図26）。

場所による気圧のちがい

図27は、同じ時刻に各地で測定した気圧を地図上に表したものである。1章で学習したように、気圧は海面からの高さによって異なる。そのため、いろいろな場所で同時刻に測定した気圧を比較するときは、測定した場所の高さのちがいによって生じる気圧の差をなくすために、海面と同じ高さの気圧に直す必要がある（海面更正）。

気圧配置と風と天気

図28は、海面の高さに直した同時刻の気圧を地図上に記入し、気圧が等しいところをなめらかな曲線で結び、気圧の分布を表したものである。このような曲線を等圧線といい、気圧の分布のようすを気圧配置という。等圧線が丸く閉じていて、まわりより気圧が高いところを高気圧、低いところを低気圧という。

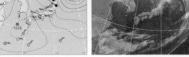

図29 同じ時刻の天気図と雲画像　図中の●、▪は、にわか雨を示している。

また、図29のように、気圧配置を表した地図に、各地で観測した天気や風などの記録を、天気図記号を用いて記入したものを天気図という。

考えてみよう　比較　ガイド①

図29をもとに考えてみよう。
❶高気圧や低気圧付近の風向は、それぞれの中心から見て、どのようなちがいがあるか。
❷雲は、高気圧と低気圧のどちらに近いところに多く分布しているか。また、高気圧に近いところと低気圧に近いところではどちらが晴れやすいだろうか。
❸等圧線の間隔と風の強さには、どのような関係があるか。

高気圧の地表付近では、まわりの気圧の低いほうへ向かって大気が動く。そのため、北半球の高気圧のまわりでは、高気圧の中心から時計回りにふき出すような風がふき、低気圧のまわりでは、低気圧の中心に向かって反時計回りにふきこむような風がふく（図30）。

また、低気圧の中心付近では、まわりからふきこんだ大気が上昇気流になるため、雲が発生しやすく、天気はくもりや雨になりやすい。逆に、高気圧の中心付近では、地表付近でふき出した大気を補うように下降気流が生じるため、雲ができにくく、晴れることが多い（図29、図30）。

図30 高気圧と低気圧とその周辺の大気の動き

テストによく出る
重要用語等
□海面更正
□等圧線
□気圧配置
□高気圧
□低気圧
□天気図

ガイド① 考えてみよう

❶ 高気圧付近…時計回りにふき出している。
　低気圧付近…反時計回りにふきこんでいる。

❷ 雲は、低気圧付近に多く分布している。
　高気圧のほうが晴れやすいと考えられる。

❸ 等圧線の間隔がせまくなっているところでは、風が強くなっている。

テストによく出る🔍

● 等圧線　同時刻に観測して、海面更正を行った気圧が等しい地点を結んだなめらかな曲線を等圧線という。等圧線は、交差したり、枝分かれしたり、新しくできたり、消えたりしない。1000 hPaを基準に、4 hPaごとに細い線で結び、さらに、20 hPaごとに太い線で結ぶ（1 hPa＝100 Pa）。

● 気圧配置　気圧の分布のようすを気圧配置という。

● 高気圧　等圧線が丸く閉じていて、まわりより気圧が高いところを高気圧という。

● 低気圧　等圧線が丸く閉じていて、まわりより気圧が低いところを低気圧という。
高気圧・低気圧は、1気圧（1013 hPa）を基準にして決められるのではないことに注意する。

● 天気図　気圧配置を表した地図に、各地の天気や風などの記録を、天気図記号を用いて記入したものを天気図という。

● 天気記号　各地の天気は、天気記号で表す（教科書p.77参照）。

雲量	0〜1	2〜8	9〜10		
天気	快晴	晴れ	くもり	雨	雪
記号	○	①	◎	●	⊗

● 風向・風力　風向は、風がふいてくる方向を16方位で表し、天気図記号では天気記号を頭にした矢印の方位で表す。風力は、風力階級表にもとづき、0〜12の階級で表す。天気図記号では、矢印のはねの数で示す。

● 海面更正　いろいろな場所の気圧を比較するときは、高さによる気圧の差をなくすために、海面から10 m高くなるごとに約1.2 hPaずつ加えた値で比較する。これを海面更正という。

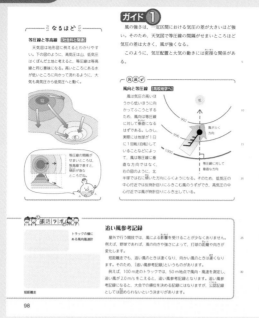
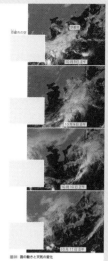

ガイド1 気圧配置と風や天気

大気は，気圧の高いところから低いところへ向かって動く。これが風である。風は，等圧線の間隔がせまいほど強くふく。これは高気圧を山，低気圧を谷と考えたときの水の動きと同じである。等高線の間隔がせまいことは傾斜が急で水の流れが速いことを示すように，等圧線の間隔がせまいことは，空気の流れが速いことを示す。

低気圧の中心付近では，まわりから風がふきこみ，上昇気流を生じる。上昇気流のあるところでは，雲が発生しやすく，くもりや雨になる。

高気圧の中心付近では，中心からまわりに風がふき出すので，下降気流が生じ，雲ができにくく，晴れることが多い。

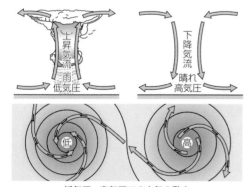

低気圧・高気圧での大気の動き

ガイド2 思い出してみよう

❶ 10月8日正午ごろ九州地方にかかっていた雲は，9日の正午ごろは，本州から四国・九州にかかっている。さらに，10日の正午ごろには，東北地方の東の海上から北海道にかけてかかっている。このことから，雲は，南西から北東に動いているといえる。

❷ 雨をもたらしているのは，日本列島にかかっている雲であるから，雲の動きとともに，雨が降る地域も南西の方向から北東の方角に動いていく。

ガイド3 話し合ってみよう

雲画像の変化から，10月8日正午から10日正午にかけて雲が南西から北東に動いていることがわかっている。この雲は，うずを巻くような形をしていることから，低気圧の中心付近にふき込んだ大気が上昇気流になって発生した雲と考えられる。よって，低気圧の中心の位置はこの雲の中心付近である北海道の東方海上にあるものと予想することができる。

高気圧の中心付近には下降気流が生じるため，雲ができにくく晴れることが多い。10月10日正午の雲写真では，中国大陸と朝鮮半島の間にある黄海の周辺には雲が見られず晴天である。したがって，高気圧の中心の位置は，この晴天になっている黄海海上あるものと予想することができる。

56

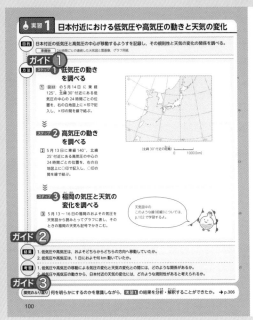

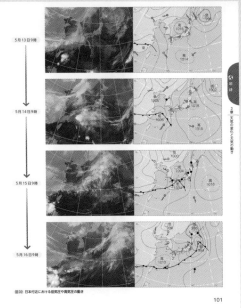

ガイド **1** 方法

1　まず，教科書 p.101 図 32 で 5 月 14 日の東経 125°，北緯 30°の地点を確認する。それがどこか確かめたら，その付近にある低気圧の中心の位置を，教科書 p.100 の白地図上に×印で記入する。この低気圧が東に移動した 5 月 15 日と 5 月 16 日の位置を同様に記入する。

2　指定された高気圧の位置を 1 と同様に記入する。5 月 16 日は図外になるので記入できない。

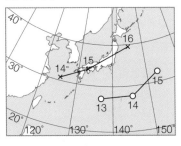

3　教科書 p.101 図 32 より，5 月 13 日から 16 日の福岡の気圧と天気を読みとる。等圧線は 4 hPa ごとにかかれている。

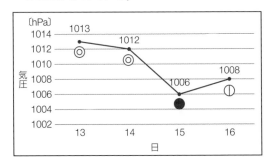

ガイド **2** 結果

1.　低気圧も高気圧も，南西から北東へ移動していた。

2.　低気圧や高気圧の中心は 1 日におよそ 1000 km 動いていた。
　　白地図下にある縮尺目盛りで距離を読む。

ガイド **3** 考察

1.　福岡の気圧と天気の変化から，高気圧が近づくと気圧は高くなって天気は晴れてよくなり，低気圧か近づくと気圧は低くなり天気は悪くなって雨になるという関係があると考えられる。

2.　低気圧と高気圧の動きを調べると，どちらも西から東へ移動している。このため，天気も東へずれていくという規則性が考えられる。
　　この天気図は 5 月のもので，くわしくは教科書 p.115〜117 で学習するが，春や秋の日本の各地では，低気圧や高気圧がこの天気図のような動きをする。このため，天気の変化はだいたい次のようになる。
　　晴天→くもり→おだやかな雨→気温上昇→
　　晴天→激しい雨→気温低下→晴天
　　このような天気の変化は，西の地域から東の地域へと移っていく。また，このような天気のサイクルは，ほぼ 1 週間ごとにくり返される。

テストによく出る
重要用語等

- □気団
- □前線面
- □前線
- □停滞前線
- □寒冷前線
- □温暖前線
- □温帯低気圧
- □閉塞前線

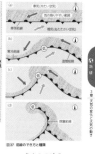

ガイド❶　温度がちがう空気の動きを調べる実験

　空気は，温度が異なると重さも異なり，冷たい空気はあたたかい空気よりも重い。そのため，仕切りの板をはずすと，冷たい空気があたたかい空気の下にもぐりこむ。そして，あたたかい空気が上に，線香のけむりをふくむ冷たい空気が下にきて，混じり合わない。前線をつくる気団も同じで，冷たい気団は，あたたかい気団の下にもぐりこむ。

ガイド❷　考えてみよう

　観測した場所の気温が急に下がったのは，この地域で上昇気流が発生して雲ができるとともに，気圧が下がり，冷たい大気のかたまり(寒気団)が，もぐりこんだためと考えられる。

テストによく出る❗

- **気団**　温度や湿度などがほぼ同じで，大規模な空気のかたまりを気団という。冷たい気団を寒気団，あたたかい気団を暖気団という。また，海洋性の気団は海の上でできて湿っており，大陸性の気団は大陸の上でできて乾燥している。
- **前線面・前線**　温度のちがう気団は，なかなか混じり合わない。寒気団と暖気団の境界面を前線面といい，前線面が地面と交わる線を前線という。前線面では，上昇気流が起こるので，雲ができやすく，天気の変化が起きやすい。
- **停滞前線**　勢力が同じぐらいの寒気団と暖気団が接すると，前線が同じ場所にとどまって，あまり動かなくなる。これを停滞前線という。
- **温帯低気圧**　寒気団と暖気団の前線上で，反時計回りのうずができると，低気圧になる。これが温帯低気圧である。
- **寒冷前線**　温帯低気圧の西側には，寒気団が暖気団を押しながら進む寒冷前線ができる。
- **温暖前線**　温帯低気圧の東側には，暖気団が寒気団の上にはい上がって進む温暖前線ができる。
- **閉塞前線**　寒冷前線の進み方は，温暖前線より速いため，地上の暖気の範囲はしだいにせばまり，ついに追いついてしまう。これが閉塞前線である。閉塞前線ができると，地表は寒気におおわれ，温帯低気圧も消滅してしまう。

ガイド 1 考えてみよう

❶ 下図
赤い点以外の領域(斜線部の領域をふくむ)はすべて青でぬり，赤い点の領域は赤でぬる。

❷ 寒冷前線…積乱雲
温暖前線…乱層雲

❸ 下図の斜線部

❹ 下図の矢印

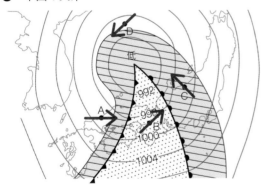

テストによく出る

🔷 **寒冷前線付近の雲と天気** 寒冷前線では，寒気が，暖気を押し上げるように進むので，強い上昇気流が生じる。このため，積乱雲が発生して，強いにわか雨や雷，突風などをともなうことが多い。雲の範囲や，雨の降る範囲はせまく，降る時間も短い。寒冷前線が通過すると，その場所では北よりの風に変わり，気温が急に下がる。

🔷 **温暖前線付近の雲と天気** 温暖前線では，暖気が寒気の上にはい上がるようにして進むので，ゆるやかな上昇気流ができる。このため，広い範囲に雲ができ，雨の降る範囲も広く，降る時間も長い。温暖前線が通過すると，南よりの風に変わり，気温は上がる。

解説 寒冷前線と温暖前線

寒冷前線は温帯低気圧の西側にでき，反時計回りに暖気を押し上げる。すると強い上昇気流が生じて，積乱雲ができ，激しい降水をもたらす。温暖前線は温帯低気圧の東側にでき，反時計回りに寒気の上にはい上がっていく。このときの上昇気流はゆるやかで，乱層雲ができ，広い範囲で降水をもたらす。風の向きは，各地点から低気圧の中心よりも約30°右へ傾いた方向へふく。

教科書 p.104 図39 左上の天気図は，寒冷前線が温暖前線を追いかけているところを表している。寒冷前線のほうが速いため，やがて閉塞前線となって，寒気におおわれてしまう直前のようすである。

59

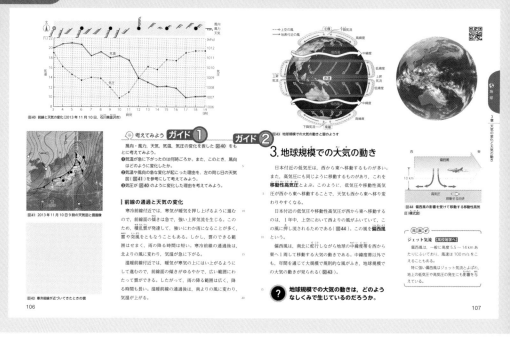

ガイド ① 考えてみよう

❶　気温が急激に下がったのは 11 時すぎである。11 時から 12 時にかけて，気温が 3.5 ℃下降している。11 時ごろの風向は南西であるが，12 時ごろの風向は北である。

❷　9 時ごろ，石川県の沖合の海上では，日本列島に沿って寒冷前線がある。その寒冷前線が東よりに移動し，10 時から 12 時にかけて通過したとから考えられる。

❸　寒冷前線の前方には暖気があり，暖気は上昇気流になるので気圧は低い。一方，寒冷前線の後方には寒気があり，寒気は下降気流になるので気圧が高い。教科書 p.106 図 41 の天気図と教科書 p.106 図 40 のグラフから推測すると，3 時ごろに温暖前線が通過し，その後暖気におおわれるようになってきたので，気圧がしだいに下降したと考えられる。そして，10 時ごろには寒冷前線が接近して，通過し始めたので，その後は寒気におおわれ，気圧がしだいに上昇したと考えられる。

ガイド ② 地球規模での大気の動き

　地球規模での大気の動きのうち，中緯度帯では偏西風（西から東への風）がつねにふくが，赤道付近の低緯度帯では，あたためられた空気が上昇気流となって緯度 30° あたりで止まり，赤道付近の低圧部に下降気流となってふきこむ。このときの風の向きは，北半球で北東から南西へ，南半球で南東から北西へとふく。これを貿易風という。また，極付近では，地表の気温が低いため，下降気流が生じ，東よりに地表にふきこむ。これを極東風という。

　中緯度帯にあたる日本付近は低気圧と高気圧は偏西風により西から東へ移動する。その高気圧をとくに移動性高気圧とよぶ。偏西風はこの高気圧と低気圧を東へ流すはたらきをしながら，地球を一周し，世界の大気へ影響をあたえている。

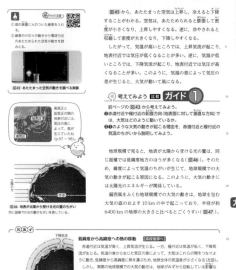

ガイド 1 考えてみよう

❶ 教科書 p.107 図43 を見ると，赤道付近からは上昇気流（じょうしょう）が出ている。極付近には下降気流（かこう）が降りている。

❷ これは太陽光を受ける量のちがいによって起こる。赤道付近のほうが多く太陽光を受けるので，あたためられて上昇する。逆に極付近では太陽光を受ける量が少ないので，冷たくなり大気が下降する。

ガイド 2 亜熱帯（あねったい）に砂漠（さばく）が多い理由

北半球も南半球も，緯度（いど）20°から30°のあたりには砂漠が多くなっている。これは熱帯でできた空気が移動し，熱を帯びるからである。また，これらは高気圧であり移動もしないため，雲ができにくく，雨が降（ふ）りにくい。

ガイド 3 基本のチェック

1. A：1006 hPa　　B：1020 hPa
　　C：1023 hPa

2. （例）低気圧の中心付近では，まわりから反時計回りにふきこむような風がふき，ふきこんだ大気が上昇気流となる。高気圧の中心付近では，時計回りにふき出すような風がふき，ふき出した大気を補（おぎな）うように下降気流が生じる。

3. （例）前線上に低気圧ができると，低気圧の西側では寒気が暖気を押（お）しながら進み，寒冷前線（だんき）ができる。低気圧の東側では，暖気が寒気の上にはい上がって進み，温暖前線ができる。
　　（このような空気の動きになるのは，低気圧の中心付近では，反時計回りに風がふくこととつながる。）

4. 寒冷前線

5. 寒冷前線に比べて長い。

6. （例）日本上空にふいている偏西風（へんせいふう）に押（お）し流されるから。

ガイド 1 つながる学び

日本の気候の特徴として、四季がはっきりしていることが挙げられる。教科書 p.110 の写真からもわかるように、季節によって、自然はまったくちがう景色を見せる。それだけ、気温や天気も季節によって変わってくるということでもある。

それでは、季節によって大気の動きにはどのような特徴が見られるのだろうか。毎年決まった時期になると、つゆ(梅雨)や台風といった現象も見られるが、これらの現象はどのようなしくみで起こっているのだろうか。まずは、陸と海の間の大気の動きについて、観察や日常生活で気づいたことを生かしながら、学んでいこう。

その前に、小学校の内容の復習である。台風が近づくと、強い風がふいたり、短い時間に大雨が降ったりして、災害が起こることがある。災害には具体的にどのようなものがあるのだろうか。

大雨が降ることで、洪水、山やがけがくずれるなどの土砂災害が起こることもある。海の近くだと、海面の高さが上がったり、高い波が押しよせてきたりする場合もある。台風による災害には、さまざまな側面があることを押さえておこう。こうした知識は、災害から身を守るのに役立つ。

ガイド 2 学習の課題

陸は海よりあたたまりやすいので、昼間、太陽熱を受けて上昇する温度は、海水より地面のほうが大きい。地面の熱の放射によって空気があたためられるので、陸地では上昇気流が起こる。すると、気圧が低くなるので、陸より気圧の高い海から風がふくことになる。

上空に雲のない夜は、陸地は空気が冷えて重くなるので下降気流が生じる。一方、海水は冷めにくいので、海水の温度は地面の温度より高くなり、海上の気温は陸地の気温より高くなる。つまり、海上の気圧は陸上より低く、陸から海に向かって風がふくことになる。

ガイド 3 考えてみよう

陸地のほうが海水よりあたたまりやすい。地面からの放射される熱で空気があたためられるので、晴れた日の昼は陸上のほうが海上よりも気温が高くなる。

あたためられた空気は軽くなるので上空へ上昇し、上昇気流が生じる。すると、空気がうすくなるので、海上から空気が流れこむ。

つまり、海から陸へ向かって風がふく。

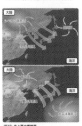

地球

テストによく出る
重要用語等

- □海風
- □陸風
- □季節風
- □シベリア高気圧
- □シベリア気団
- □太平洋高気圧
- □小笠原気団
- □オホーツク海気団
- □西高東低

ガイド① 海風と陸風 （うみかぜ・りくかぜ）

陸上の方が海上よりも温度が変化しやすい。あたためられて，陸上の空気の温度が高くなるとその空気の密度は小さくなり，上昇する。すると，あたたまりにくい海上の空気は密度が高いため，陸上に流れこんでくるので，それが海からの風となる。夏と冬では陸海の寒暖は逆転するので逆向きの風が吹く。これが陸風である。同様のことが季節を通して大陸と海洋にも起こり，季節風になる。

ガイド② 考えてみよう

日本海では，南から暖流の対馬海流が北上している。この対馬海流から多量の水蒸気が蒸発する。シベリア気団からふく風は，日本海をこえるとき，この水蒸気をふくむようになる。

テストによく出る🔍

💠**海風と陸風**　晴れた日の昼間，陸上の気温が海上より高くなると，陸上に上昇気流ができ，気圧が低くなる。すると海から陸に向かう風がふく。これが海風である。

逆に，晴れた日の夜間，海上の気温が陸上より高くなると，海上に上昇気流ができ，気圧が低くなる。すると陸から海に向かう風がふく。これが陸風である。

明け方と夕方は陸と海の気温がほぼ等しくなるので，気圧の差が生じず，空気の流れは発生しない。このような状態を「朝なぎ」「夕なぎ」という。なぎという漢字は「凪」で，「風が止まる」という意味である。

💠**季節風**　日本は，ユーラシア大陸と，太平洋にはさまれている。冬になると，大陸は海洋よりも冷え，シベリア付近に高気圧の寒気団ができ，北西から日本にふきこむ。これがいわゆる「北風」とよばれる冬の季節風である。夏になると，太平洋上に高気圧の暖気団ができ，南東から日本にふきこむ。これが「南風」とよばれる夏の季節風である。

63

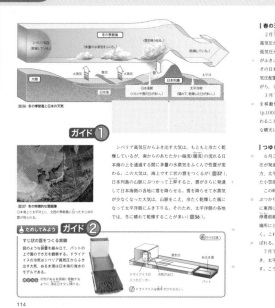

テストによく出る
重要用語等

□春一番
□オホーツク高気圧
□気圧の谷
□梅雨
□梅雨前線

ガイド 1 冬の大気の流れ

　シベリア高気圧からふき出す大気はもともと冷たく乾燥しているが，日本海近辺の暖流の上で多湿に変化する。この大気が日本列島の日本海側の山脈にぶつかることで雨と雪をふらせ，山をこえるころには乾燥している。

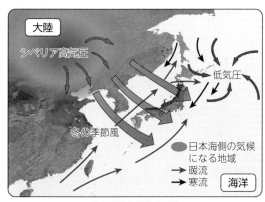

日本周辺の暖流と寒流

ガイド 2 ためしてみよう

　この実験では，ドライアイスでつくられた冷気がシベリア気団の寒気を，ぬるま湯が日本海を流れる暖流の対馬海流を表している。
　冷気がぬるま湯の上を通ると，ぬるま湯から蒸発した水蒸気が冷気によって冷やされ，水滴になって，すじ状の雲になる。

ガイド 3 つゆ（梅雨）とオホーツク海高気圧

　6月ごろになると，北海道の北東にあるオホーツク海上でオホーツク海高気圧が発達する。これによって，オホーツク海気団ができる。一方で，太平洋上では，太平洋高気圧が発達することで，小笠原気団ができる。

　オホーツク海気団と小笠原気団は日本列島付近でぶつかり合うが，勢力がほぼ同じであるため，間に気圧の低いところが長くのびるようにできる。まさに，高気圧の間にある谷のような部分にあたるので，「気圧の谷」とよばれている。ここでは，停滞前線ができる。この前線が梅雨前線であり，これによってもたらされる雨が梅雨である。

　7月下旬に，オホーツク海高気圧がおとろえて，太平洋高気圧が発達することで，オホーツク海気団と小笠原気団の勢力のバランスがくずれる。小笠原気団が南からはり出していき，前線は北上し，梅雨が明ける。

　オホーツク海高気圧は，発達すると北海道付近に冷たく湿った空気をもたらす。そのため，オホーツク海高気圧が多く現れる年の北海道では，気温が低い，日照時間が短いといったことが原因で，冷害が起こることもある。

（教科書紙面 p.116〜117）

ガイド 1 　夏の天気

　夏の天気は太平洋高気圧の発達により，あたたかく湿った小笠原気団が現れ，教科書 p.116 図 60 のような南高北低の気圧配置になりやすい。夏に大気が局地的に熱せられると急激な上昇気流によって，にわか雨や雷をともなう積乱雲が発生する。

ガイド 2 　秋の天気

　秋の天気は，まず 9 月ごろ太平洋高気圧がおとろえることにより秋雨前線が発生する。10 月になると移動性高気圧と低気圧が交互に通過するため，天気がそれにともない周期的になる。11 月にはシベリア高気圧が発達を始める。

テストによく出る！

日本の四季

- **冬**　北西にシベリア気団が発達し，西高東低の気圧配置となる。日本海上で水蒸気をふくみ，日本の山脈に当たって日本海側に雪を降らせ，太平洋側に乾燥した風がふく。

- **春**　日本海上に低気圧ができ，南からの春一番がふく。移動性高気圧と低気圧が交互に通過し，天気が変わりやすい。

- **梅雨**　北東にオホーツク海気団が発達し，東北・北海道地方にふきこむ冷害をもたらす風をやませという。オホーツク海気団と，太平洋上の小笠原気団との間に停滞前線（梅雨前線）ができると，長く雨が続く。

- **夏**　小笠原気団が勢力を拡大し，オホーツク海気団を北に押し上げると梅雨が明け，南から湿った風が流れこみ，蒸しあつい夏となる。

- **秋**　小笠原気団がおとろえ，春と同じようにオホーツク海気団との間に秋雨前線ができる。台風による大雨も多い。10 月中旬には，移動性高気圧と低気圧が交互に通過して天気が変わりやすくなり，11 月中旬をすぎると，西高東低の冬型の気圧配置が見られるようになる。

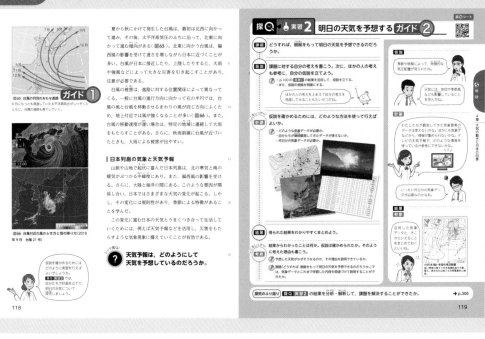

ガイド❶　台風の進路

　夏から秋にかけて発生する台風は，最初は北西に向かう。その後太平洋高気圧のふちにぶつかって北東に向かう。北東に向きを変えた後は，偏西風の影響で速さを増しながら日本列島に近づくこともある。台風の寿命（台風が発生してから熱帯低気圧または温帯低気圧にかわるまでの期間）は，1981〜2010年の30年間の平均で5.3日とされている。しかし，過去には19日続いた台風もある。こうした長続きする台風には，不規則な進路をたどる傾向がある。

　台風の進路にあたる地域では風や雨が激しくなるので，天気予報などを活用して，災害に備える必要がある。

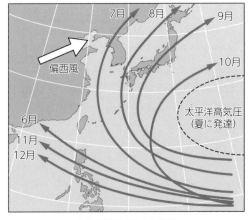

台風の月別のおもな進路

ガイド❷　明日の天気を予想する

　教科書p.118にもあるように，日本の天気は変化に富んでいる。こうした変化とうまくつき合って生活するには，天気予報を活用して，さまざまな気象現象に備えることが大切である。しかし，天気の変化が多い日本において，天気を予想することは可能なのだろうか。

　気象庁によると，「降水の有無」の予報が当たった確率は，85％前後となっている。過去（1992年）の確率を見ても約80％であり，高い割合を保っていることがわかる。いったいどのようにして，天気を予想しているのだろうか。

　そこで，今回はわたしたちが根拠をもって明日の天気を予想するには，どのようにすればよいのか，さぐることを課題とする。ここまで，季節や時期に特徴的な気圧配置があること，気団や季節風なども天気に影響をあたえていることを学んだ。これらの特徴を使って，予想することができないだろうか。

　また，仮説が立てられたら実際に自分たちで明日の天気を予想することになるが，まずは根拠となるデータが必要となる。根拠になるのは，今日をふくめた最近の気象データであろう。今日のデータだけでは，大気の動きなどの変化がわからないので，天気の予想ができない。複数の，少なくとも2〜3日分のデータがあると良い。また，気圧配置，各地の天気，風，気温，湿度がわかるとよいだろう。

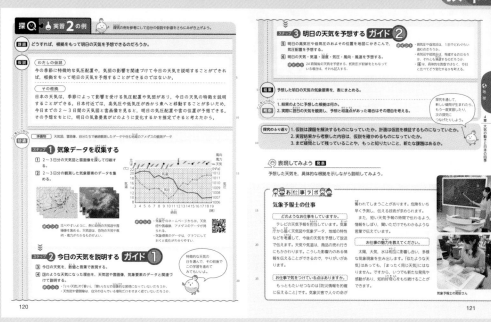

ガイド1　今日の天気を説明する

　天気を予想するにあたって2，3日分の天気や気温，風向などのデータをそろえる。ここでは正確な数値を用いることに注意する。これらのデータと，日本近辺での気圧配置や気団の影響を考えて，天気の予測ができる。

　はじめから明日の天気を予想するのは難しいので，まずは今日の天気を，根拠をもって説明できるか，試してみよう。同じ「雨」の天気でも，「昨日までは晴れていたが，西にあった低気圧が移動してきたので，今日の6時ごろから雨が降っている」という説明と，「この時期は停滞前線が日本の上空にとどまっているので，ここ数日雨が降り続いている」という説明とでは，根拠がちがうことがわかるだろう。

　2，3日分のデータがあるということは，今日になるまでどのように変化してきたのかをたどることができるということである。「おととい，きのうと比べて○○」と説明するのも，1つの方法である。

　なお，用意したデータはできるかぎり，グラフにしてわかりやすくしておこう。説明を聞く人だけでなく，説明する本人たちにも役立つだろう。

ガイド2　明日の天気を予想する

　今日の天気を説明することができれば，明日の天気の予想に挑戦しよう。気圧配置はどのように変わ

るか，それぞれの高気圧や低気圧は発達するのか，衰退するのか。これらの答えは，2，3日の変化と，その季節や時期に見られる特徴から考えられるだろう。天気予想自体は，今日と比べてどう変化するのかを書く形でよい。以下が，天気予想の書き方の例である。

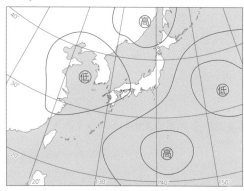

気圧配置の予想

	予想	根拠
天気	雨になる。	西から低気圧が移動してくるから。
気温	今日よりも低くなる。	雨が降り，気温が上がらないから。
湿度	今日よりも高くなる。	雨の日は，昼になっても湿度が下がらないから。

　日づけが変わって，明日の天気がわかったら，予想のどの点が当たっていて，どの点がはずれたかを明らかにしておこう。もし予想がはずれていたら，その理由を考えるのも探究の1つである。

地球

ガイド 1 　天気の変化がもたらす恵みとその利用

　冬の北西の季節風は日本海側の山岳地帯に豪雪を降らせる。山岳地帯の積雪は，季節の移り変わりとともにしだいにとけ出し，豊かな農業用水となる。米の生産高は，北海道，新潟県，富山県などの豪雪地帯が上位を占めている。また，初夏の梅雨による降水も，ほぼ日本全域で，農業用水となっている。これらの水は，生活用水，工業用水，発電用水としても用いられる。

ガイド 2 　天気の変化がもたらす災害

　冬にはシベリア高気圧の影響で強い季節風が吹き，気温が下がる。また，日本の半分は豪雪地帯なので雪やなだれが発生する。夏は太平洋高気圧で水不足や熱中症などの被害が出る。夏から秋には台風による水害や土砂災害も発生する。

解説 　天気の変化がもたらす災害

　北西の季節風がもたらす豪雪は，ときには，そこにくらす人々に被害をもたらす。積雪のために道路を通行することができず，そのため孤立する集落もある。屋根からの雪下ろしは危険な作業で，ときには落下による事故も起こる。また，なだれは，人命を損なうこともあり，民家などを押しつぶすこともある。北西の季節風は，山岳地帯をこえると，乾い

た空っ風となり，太平洋側の空気を乾燥させる。そのため，火災が発生しやすくなる。雪に対する備えが十分でない太平洋側の地域で雪が降ると，自動車の交通渋滞，スリップ事故，交通網の遮断など生活に大きな支障をきたす。

　梅雨が長引いたり，夏の日照が少ないと，冷害をもたらす。東北地方では，6月〜8月にやませとよばれる冷たい風がふくと，農作物に大きな被害が出る。夏の終わりから初秋にかけて降る秋雨が長引くと，農作物に害をあたえ，野菜の値段の高騰を引き起こし，家計に影響をあたえる。

　夏から秋にかけて，日本列島に接近したり，上陸したりする台風も，家屋の倒壊，交通網の遮断，収穫を間近にひかえた果樹の落下など大きな被害をもたらす。

　近年は，地球温暖化の影響と思われる局地的大雨よる被害も目立つ。冠水した道路上で自動車が運転不能になったり，地下街や地下鉄などに浸水したりすることもある。集中豪雨による土砂くずれで，道路が寸断されたり，家屋が押しつぶされたりする被害もある。

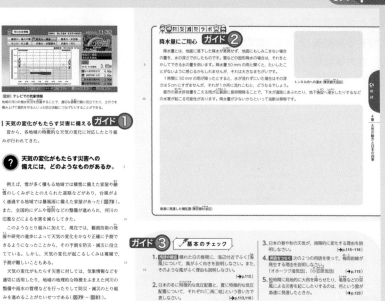

ガイド ① 天気の変化がもたらす災害に備える

　日本全国の約1300か所にある地域気象観測所では，降水量，風向，風速，気温，日照時間をつねに観測している。この観測網がアメダスである。

　気象庁では，アメダス，観測レーダー，気象衛星ひまわりなどから収集した観測データをもとに，各種の気象情報を発表している。なお，現在のひまわり8号からは，局所的なデータが得られ，またカラー画像が送信されるようになるなど，精度の高い気象予測に役立てられている。

ガイド ② 降水量と水害

　降水量は降った雨が蒸発せず，地面にしみこみもしないときの水の深さのことをいう。雪の場合はとかしたときの深さである。

　広範囲に長時間の雨が降ることで，都市の排水許容量をこえると，水害が発生する。都市の場合，地表がコンクリートやアスファルトにおおわれているため，下水道や雨水管をのぞくと，雨水の行き場がない。そのため，大量の雨が一度に降ると，地表に水があふれる可能性がある。こうした都市の特徴によって起こる水害を「都市型水害」とよぶこともある。降水量が少なくても，油断は禁物である。

ガイド ③ 基本のチェック

1.　（例）
　風の向きは，海から陸へ。晴れた日の昼間には，海上の気温より陸上の気温が高くなる。すると，陸上のほうで大気の密度が小さくなり，上昇気流が生じる。こうして地表の気圧が低くなり，海から陸に向かって風がふく。

2.　冬に特徴的な気圧配置…西高東低
　夏に特徴的な気圧配置…南高北低

3.　（例）
　シベリアあるいは太平洋の高気圧がおとろえて，偏西風の影響を受けた，移動性高気圧や低気圧が日本列島付近を交互に通過するため。

4.　（例）
　6月ごろになると，高気圧の発達により，オホーツク海上でオホーツク海気団，太平洋上で小笠原気団ができる。この2つの気団は勢力がほぼ同じであるため，日本付近でぶつかり合ったまま動かない。気団の間には気圧の低い部分ができ，そこに梅雨前線ができる。

5.　積乱雲
　激しい上昇気流があると，鉛直方向に雲が発達して積乱雲ができる。

1 下図のような質量と大きさが異なる3つの立方体を用いて、圧力に関する実験を行った。次の問いに答えなさい。なお、立方体は均一な材質でできていて、100gの物体にはたらく重力の大きさを1Nとする。

A
・質量50g
・1辺の長さ30cm

B
・質量100g
・1辺の長さ40cm

C
・質量200g
・1辺の長さ50cm

実験1 3つの立方体を、間隔をあけて水平な台の上に置いた。

実験2 3つの立方体を重ねて台の上に置いた。そのとき、重ねる順番をいろいろと変えた。

実験3 Bと同じ立方体をもう1個用意し、2個をそれぞれ右図のように点線のところで切って2等分した。それぞれをB1、B2とした。

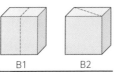

B1　　B2

【解答・解説】

(1)　**A**

一定面積あたりにはたらく垂直に押す力を圧力といい、単位には、パスカル(Pa)やニュートン毎平方メートル(N/m²)を使う。圧力は次の式で求めることができる。

$$圧力〔Pa〕=\frac{力の大きさ〔N〕}{力がはたらく面積〔m^2〕}$$

$1 N/m^2 = 1 Pa$

この式を使ってそれぞれの圧力を求めると、

A：$0.5 N \div 0.09 m^2 ≒ 5.6 Pa$

B：$1.0 N \div 0.16 m^2 ≒ 6.3 Pa$

C：$2.0 N \div 0.25 m^2 ≒ 8.0 Pa$

とわかる。

よって、台の面を押す圧力がもっとも小さいのはAの立方体である。

(2)　**6 Pa(6 N/m²)**

(1)より、Aの圧力は約5.6 Pa。小数第1位を四捨五入するため6 Paとなる。

(3)　**BCA、CBA**

力の大きさが変わらないとき、力がはたらく面積が小さければ小さいほど、圧力は大きくなる。よって、Aの立方体が一番下になるような重ね方の組み合わせを考えればよい。

(4)　**同じ**

圧力は、力の大きさと力がはたらく面積のみによって決まるため、力がはたらく面の形は関係ない。B1、B2を半分にしたものはどちらも、力の大きさと力がはたらく面積がBの半分であり、等しい。よって、この2つの圧力は同じになる。

(5)　**B1**

圧力は、力の大きさと力がはたらく面積によって決まる。B1の切り口の面は、立方体を縦に切ってできたものであるため、立方体の1辺の長さと等しい長さの辺をもつ正方形である。一方、B2の切り口の面は、立方体を対角線に切ってできたものであるため、立方体の面の対角線と辺をもつ長方形である。よって、B1の切り口の面の面積はB2の切り口の面の面積よりも小さくなっていて、B1とB2の力の大きさは等しいため、B1の圧力のほうが大きくなる。

──────────

2 家族で登山に行ったしんじさんが、そのときのことをまなみさんに話している会話文を読んで、次の問いに答えなさい。

まなみ：どれぐらいの高さの山に登ったの。

しんじ：1500mぐらいの山だよ。ところで、頂上ではいくつかおもしろいことに気がついたんだ。

まなみ：どんなことか教えて。

しんじ：麓からリュックに入れて持ってきたペットボトルの炭酸飲料の栓をあけたときに ⬚＿＿A＿＿⬚ 。

まなみ：登っている間に激しくゆすられたからだと思うよ。

しんじ：それほどゆすってはいないし、頂上ではしばらく放置していたんだけど。それから、食べようと思ってスナック菓子の袋をとり出したら ⬚＿＿B＿＿⬚ 。

まなみ：へー、おもしろいね。わたしも来月、山に行ったときに何か試してみよう。

【解答・解説】

(1)　**(例)中の飲み物がふき出した**

標高の高い場所に行くほど、その上にある大気の重さが小さくなるので、気圧は小さくなる。

気圧が小さくなると、それまでつり合っていたペットボトル内から外側へ押す力とまわりの空気がペットボトルを押す力のつり合いがとれなくなり、ペットボトル内から外側へ向かう圧力のほうが大きくなる。これによって、中の飲み物は外に

押される力が強くなりふき出す。

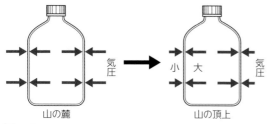

山の麓　　　　　　山の頂上

⑵ **ウ**

（1)と同様に，気圧が小さくなることで，袋の中
から外側へ押す力が，まわりの空気が袋を押す力
よりも大きくなり，袋はふくらむ。

⑶ **気圧（大気圧）**

大気の重さによって生じる圧力を大気圧，もし
くは気圧という。ほぼ海面の高さの地表では，1
m^2 の面にかかる大気の重さはおよそ 10000 kg
で，気圧の大きさは約 101300 N/m^2＝1013h Pa
となる。これが 1 気圧である。

⑷ **1000 g**

1 cm^2＝0.0001 m^2 である。ここに 100000 Pa の
圧力がかかるとき，圧力の公式より力の大きさは，
100000 Pa×0.0001 m^2＝10 N
であるとわかる。つまり，1000 g の物体をのせ
たときの圧力に等しい。

⑸ **（例）つぶれた。**

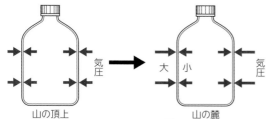

山の頂上　　　　　　山の麓

山の山頂でペットボトルの栓をしたとき，その
中には気圧の低い山頂の空気が入る。一方，麓の
空気は気圧が高いので，このペットボトルを持っ
て麓に下りると，周りの空気がペットボトルを押
す力が，ペットボトル内から外側へ押す力より大
きくなる。そのため，ペットボトルはつぶれてし
まう。

**3 大気中にふくまれる水蒸気の変化について，いく
つかの実験を行った。次の問いに答えなさい。**

実験1

図1のように，ぬるま湯を入れたビーカーの上に，
20℃の水を入れたフラスコを置き，ビーカー内に霧
ができるかどうかを調べた。

黒の画用紙　水を入れた
フラスコ

図1　ぬるま湯を入れたビーカー

【解答・解説】

⑴ **ビーカー内の水蒸気の量を多くするため。**

霧は，水蒸気を多くふくんだ空気が冷やされて
発生する。そのため霧をつくるときは，ビーカー
内の水蒸気の量をふやしておく必要がある。この
ために，ビーカーにはぬるま湯を入れるようにす
る。

⑵ **ウ**

霧は，水蒸気を多くふくんだ空気が冷やされて
発生するので，実験をはじめても霧が見られない
場合にはフラスコをさらに冷たくしビーカー内の
空気を冷やせばよい。

実験2

図2のように，
内側を少量の水
で湿らせたペッ
トボトルAに線
香のけむりを少
し入れ，手で側
面を少しへこま
せた状態の乾い
たペットボトル

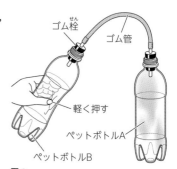

ゴム栓　　ゴム管

軽く押す

ペットボトルA

ペットボトルB　図2

BとゴムゴムAとゴム管でつないだ。そして，ペットボトルB
を押した手の力を急にゆるめたり，また手で押し
たりする実験を行った。

【解答・解説】

⑶ **① ウ ② ア**

空気が膨張すると温度が下がり，小さな水滴で
できたくもりができる。よって，ペットボトルB
を押す手の力をゆるめると，ペットボトルAの中
の空気が膨張してくもりができ，逆にペットボト
ルBを押すと，ペットボトルAの中の空気は圧縮
されてくもりは消える。

自然界では，空気が上昇するとまわりの気圧
が下がるため，空気が膨張し，温度が下がる。こ

地球

れにより，空気中の水蒸気の一部が小さな水滴や氷の粒になり，雲ができる。よって，上昇気流があるところでは天気がくもりや雨になりやすい。一方，空気が下降すると，まわりの気圧が上がるため，空気が圧縮し，温度が上がる。そのため，下降気流があるところでは雲ができにくく，天気が晴れになることが多い。

⑷　圧力…小さくなる

　　温度…低くなる（下がる）

　　ペットボトルBを押す手を急にゆるめると，ペットボトルAにあった空気が移動し，A内の空気の圧力は小さくなる。これによって空気がふくらみ，温度も低くなる。

―――――――――――――――――――――

④ある部屋の空気中にふくまれる水蒸気を調べる実験を下の手順で行った。次の問いに答えなさい。

手順1　表面がきれいな金属製のコップにセロハンテープをはり，室温の水を入れた。

手順2　右図のように，別に用意した冷たい水を少し注ぎ，ガラス棒でよくかき混ぜ，温度計で水温をはかった。

温度計／ガラス棒でかき混ぜる。／冷たい水／セロハンテープ／金属製のコップ

手順3　冷たい水を少しずつ注ぎながら，かき混ぜと温度測定をくり返した。

【解答・解説】―――――――――――――

⑴　（例）コップの中の水の温度を均一にするため。

　　実験を行うときは，条件や結果をきちんと記録することが大切である。水温をはかるためには，コップ内の水の温度を均一にする必要があるため，ガラス棒でよくかき混ぜる。

⑵　露点

　　空気中の水蒸気が冷やされて水滴に変わるときの温度を露点という。コップの表面にくもりができたのは，冷たいコップの表面にふれた空気の温度が下がり，空気中の水蒸気の一部が水滴に変化したからである。

　　露点での飽和水蒸気量は冷える前に空気1 m³の中にふくまれていた水蒸気量となるため，露点を調べることで，部屋の空気中にふくまれる水蒸気量を調べることができる。

⑶　62%

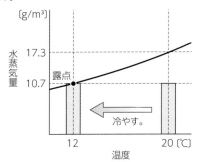

空気1 m³中にふくまれる水蒸気量が，その温度での飽和水蒸気量に対してどれくらいの割合になるかを百分率（%）で示したものを湿度という。湿度は次の式で求めることができる。

$$湿度〔\%〕=\frac{空気1 \, m^3中にふくまれる水蒸気量〔g/m^3〕}{その温度での飽和水蒸気量〔g/m^3〕}\times100$$

　　グラフより，この部屋の水蒸気量は10.7 g/m³で，20℃での飽和水蒸気量は17.3 g/m³である。上の式を使って，室内の湿度を求めると，

$$\frac{10.7 \, g/m^3}{17.3 \, g/m^3}\times100=61.84\cdots$$

であるとわかる。よって，小数第1位を四捨五入して，求める答えは，62%になる。

⑷　①　イ　　②　オ　　③　キ

　　空気が上昇すればするほど，まわりの気圧が下がるため，空気が膨張し，温度が下がる。温度が下がり続けると，露点に達し，空気中の水蒸気の一部が小さな水滴や氷の粒になる。この水滴や氷の粒がふえていくことで雲ができる。

―――――――――――――――――――――

⑤下図は，前線をともなう低気圧が日本付近を移動しているときの天気図である。次の問いに答えなさい。

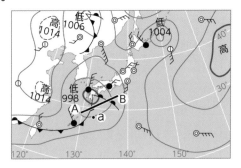

【解答・解説】―――――――――――――

⑴　天気…くもり　　風向…北東　　風力… 3

天気図とは，等圧線や高気圧・低気圧の位置，各地の天気や風のようすを，記号などを用いて地図上に記入したものである。広範囲の天気のようすを知るのに用いられる。また，天気図記号とは，各地の天気を表す天気記号に風向，風力を表す矢ばねをつけて表した記号である。新潟の天気記号を見るとくもりの天気記号がついており，矢が右上を向いているため風向は北東，矢の数が3本なので風力は3だとわかる。

[おもな天気記号]

天気	快晴	晴れ	くもり	雨
記号	○	◐	◎	●

雷	雪	あられ	霧	天気不明
◓	⊗	△	◉	⊗

(2) ① 南　② 北　③ 下がる

日本付近では，低気圧や高気圧は，およそ西から東へと移動する。aの位置の西側には寒冷前線があり，低気圧が移動すると寒冷前線がaを通過することがわかる。いっぱんに，寒冷前線付近では，寒気が暖気を押し上げるように進むため，上昇気流が生じて積乱雲が発達し，強いにわか雨や雷，突風を引き起こす。しかし，雲のできる範囲はせまく，雨の降る時間は短い。寒冷前線の通過後は北寄りの風に変わり，気温が急に下がる。

(3) 右図

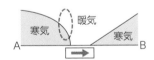

寒冷前線では，寒気が暖気を押し上げるようにして進むため，前線面の傾きは急となり，強い上昇気流を生じて，前線の上空に積乱雲を発達させる。また，前線は西から東へと動き，温暖前線では暖気が寒気を押し，寒冷前線では寒気が暖気を押す。暖気は寒気より軽いため温暖前線で暖気が寒気を押す力は弱いが，寒冷前線では寒気が暖気の下へもぐり込んで強い力で押し進める。よって，温暖前線より寒冷前線のほうが速く進む。

(4) イ

低気圧は1時間で約40km進むため，24時間後には約960km進んでいる。日本付近の経度10度の間隔が約1000kmだとすると，低気圧はおよそ経度10度分東へ進んだ場所にあるとわかる。よって，もっとも適当な位置はイの房総半島

である。

(5) 時計回りの向き

高気圧の地表付近では，まわりの気圧の低いところへ向かって大気が動く。そのため北半球の高気圧のまわりでは，高気圧の中心から時計回りにふき出すような風がふく。一方，低気圧のまわりでは，低気圧の中心に向かって反時計回りにふきこむような風がふく。

6 下の3つの図は，異なる季節の特徴的な天気図である。次の問いに答えなさい。

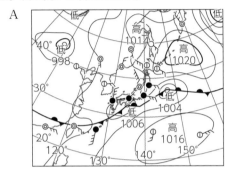
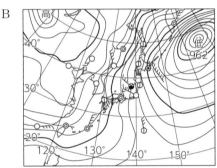
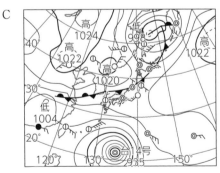

【解答・解説】

(1) ア

6月ごろになると，冷たく湿ったオホーツク海気団とあたたかく湿った小笠原気団ができ，この2つの気団がぶつかり合って，東西に長くのびた停滞前線が発生する。この時期の停滞前線のこと

を梅雨前線といい，これにより雨の多いぐずついた天気が続くようになる。

また，9月ごろになると，太平洋高気圧がおとろえて南にしりぞきはじめる。つゆ（梅雨）に似た気圧配置になり，停滞前線が東西に長くのびてくもりや雨の日が続く秋雨となる。この時期の停滞前線のことを秋雨前線とよぶ。

⑵ 西高東低

冬になると，冷たくて乾燥した大気のかたまりであるシベリア高気圧が発達し，シベリア気団ができる。このとき，北海道の東の太平洋上を低気圧が通過すると，西高東低の気圧配置ができ，Bの天気図のような，等圧線が縦方向であり，等圧線の間隔がせまい，冬に特徴的な天気図が見られるようになる。シベリア高気圧からふき出した冷たい風は，強い北西の季節風として日本にふき寄せ，日本各地は寒くなり，日本海側を中心に大雪が降り，太平洋側は晴天で乾燥した天気が続くよ

うになる。

⑶ 太平洋高気圧

熱帯地方の海上で発生した低気圧のうち最大風速が17.2 m/s以上に発達したものを台風という。台風は，あたたかい海の海面から蒸発した多量の水蒸気が凝結するときのエネルギーをもとに発達する。台風の中心には下降気流が生じているため，雲の発達しない「目」とよばれる部分ができ，そのまわりを鉛直方向に発達したたくさんの積乱雲がとり囲んでいる。

夏から秋にかけて，最初は貿易風の影響を受けて，北西に向かって進み，その後に太平洋高気圧のふちに沿って，北東に向かって進む傾向がある。この北東に向かって進む台風は偏西風の影響を受けてより速さをます。また，台風の進行方向に向かって右の半円は，台風の風と台風を移動させるまわりの風が同じ方向にふくため，地上付近で風が強くなることが多い。

---

⑦ 思考力UP　まさとさんと先生が，5月下旬に2泊3日で行った沖縄修学旅行のときの天気について，天気図を活用して話をしている会話を読んで，次の問いに答えなさい。

先　生：修学旅行の感想はどうだったかな。

まさと：楽しかったです。まさか，晴れるとは思っていませんでした。沖縄はもう　①　入りしていたはずなので。

先　生：それでは，修学旅行期間中の天気図を見直してみようか。図1が，出発した日の12時の天気図だよ。図2は2日目の12時の天気図だよ。

まさと：行きの飛行機は，途中ずいぶんとゆれたのを覚えています。窓から下を見ると雲も見えましたが，図1から考えると見えた雲は　②　前線の雲だったと考えられますね。ところで，飛行機が上昇中や下降中に耳の鼓膜に違和感があったのですが。

先　生：それは　③　の変化の影響を受けたからだよ。あくびをしたりつばを飲みこんだりしたら治ることが多いそうだよ。

まさと：那覇市に着いたら蒸し暑かったですね。冷たいペットボトルの飲み物を買ったら，ほどなく表面に　④　。現地で雨が降らなかったのは，　⑤　前線が沖縄本島の押し上げられていたからなんですね。

先　生：さて，帰りの飛行機だけど，同じ距離を飛んだのに，行きに比べると20分ほど時間が短かったのに気づいていたかな。それはどうしてだろうね。

まさと：えーっと，上空では　⑥　ので，飛行機が追い風を受けることになって速く飛んだのだと思います。

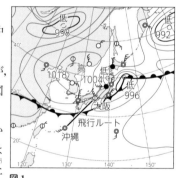

図1

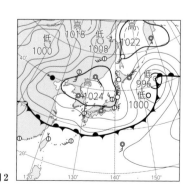

図2

【解答・解説】

⑴　① つゆ　② 寒冷　③ 気圧　⑤ 梅雨

　5月下旬であることと，図1の天気図で東西に停滞前線が見られることから，沖縄が梅雨入りしていることがわかる。また，飛行ルートを見ると，寒冷前線の上空を通っている。このことから，飛行機から見えた雲は寒冷前線の雲だったことが読みとれる。

　飛行機が上昇したり，下降したりしているときに耳の鼓膜に違和感を感じるのは，耳の気圧を調整する耳管のはたらきが，急激な気圧の変化に追いつかず，鼓膜の内側と外側で気圧の差が生じるためである。

⑵　17.1 g

湿度〔%〕

$= \dfrac{空気1 m^3 中にふくまれる水蒸気量〔g/m^3〕}{その温度での飽和水蒸気量〔g/m^3〕} \times 100$

　空気1 m³ 中にふくまれる水蒸気量が，その温度での飽和水蒸気量に対してどれぐらいの割合になるかを百分率で表したものを湿度といい上の式で求められる。

　つまり，那覇市の空気1 m³ の中には，28℃の飽和水蒸気量 27.2 g/m³ に対して 63%分の水蒸気量がふくまれていることがわかる。よって，求めたい水蒸気量は，

$27.2 g/m^3 \times \dfrac{63}{100} = 17.13\cdots g/m^3$

より 17.1 g である。

⑶　④ (例)水滴がつきました

　湿度が高くあたためられた空気が，冷たいペットボトルの表面にふれ冷やされたことで露点に達し，空気中の水蒸気の一部が水滴に変化した。

⑥　(例)偏西風がふいている

　偏西風は，南北に蛇行しながら地球の中緯度地帯を西から東へ1周して移動する大気の動きである。日本付近の低気圧や移動性高気圧が西から東に移動するのは，偏西風のはたらきのためである。

　行きの飛行機は，南西に向かって進むため，偏西風が向かい風となるが，帰りの飛行機は北東に向かって進むため，偏西風が追い風となる。これが行きと帰りで飛行時間が異なる理由である。

⑷　小笠原気団

[日本周辺の気団]

気団名	高気圧	時期	特徴
シベリア気団	シベリア高気圧	冬	寒冷乾燥
小笠原気団	太平洋高気圧	夏	温暖湿潤
オホーツク海気団	オホーツク海高気圧	初夏秋	寒冷湿潤

　梅雨前線は，北側にあるオホーツク海気団と南側にある小笠原気団がぶつかり合うことでその間にできる。小笠原気団の勢力が強い時は南側からオホーツク海気団を押し上げるため，梅雨前線は北へ上がる。

⑸　(例)明日の午後は寒冷前線が接近して急に雨が降りそうなので，サイクリングはやめるほうがいいと思う。

　図3より島根県の西側に寒冷前線があることがわかる。寒冷前線が接近すると，強いにわか雨になることが多く，雷や突風をともなうこともあるため，サイクリングをするには危険である。

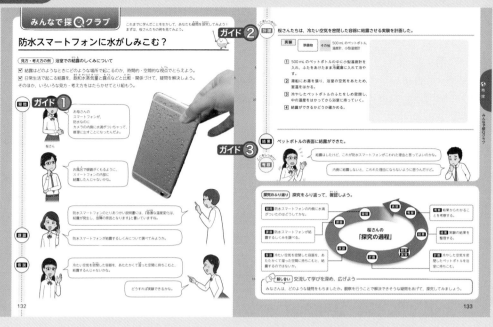

ガイド ① 疑問

　身のまわりの自然現象や日常生活の中から疑問点を見出す姿勢が大切である。

　防水スマートフォンであっても，長年使用するうちに内側に結露することがある。結露が起きると中の部品が水ぬれし故障の原因となってしまうので急激な温度変化には注意が必要だ。防水であっても内側の水ぬれには弱い。ここでは防水スマートフォンが結露するしくみについて考える。

ガイド ② 計画

　仮説を確かめるための観察・実験の方法を計画する。今回は結露するしくみについて調べるため，冷たい空気を密閉した容器に結露させる実験を行う。

● 準備物

　500 ml のペットボトル，温度計，小型温度計

● 手順

① 500 ml のペットボトルの中に小型温度計を入れ，ふたを開けたままの状態で冷蔵庫に入れ冷やす。実験を行うときは温度などの条件を観察し記録することが大切である。またふたを開けたままにしておくことで冷蔵庫の温度とペットボトルの中の温度を等しくする。

② 湯船にお湯を張り，浴室の空気をあたため室温をはかる。またお湯を張っていることで浴室内の湿度も高くなっている。

③ 冷やしたペットボトルのふたを閉めて密閉し，中の温度をはかってから浴室に持っていく。

④ 結露ができるかどうか確かめる。

ガイド ③ 結果・考察

　実験の結果，ペットボトルの表面に結露ができた。これは冷たいペットボトルがあたためられた浴室の空気にふれたことで，ペットボトルの表面にふれた空気の温度が下がり，空気中の水蒸気の一部が水滴に変化したからである。空気が冷え，ある温度を下回ると，空気中の水蒸気が水滴に変わる現象が起きる。この温度を露点という。また露点での飽和水蒸気量が，冷える前に空気 1 m³ の中にふくまれていた水蒸気量となる。今回の実験では浴室内の湿度が高く，ペットボトルと浴室の空気の温度の差が大きかったためペットボトルにより冷えた空気が露点に達して結露が起きたと考えられる。

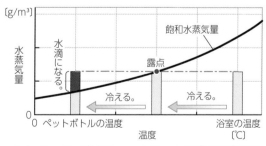

　したがって，防水スマートフォンの内部が結露したのは，内部の水蒸気をふくむ空気が外気によって露点以下に冷やされたことによると考えられる。

地球

ガイド 1 世界でも流れの強い海流である黒潮（くろしお）

　海流は，赤道付近のあたたかい海水がもっている熱を高緯度帯に運び，ふたたび低緯度帯へもどすはたらきをしており，地球全体の気温を調整している。太平洋の北側では，時計回りに北海道海流→黒潮→北太平洋海流→カリフォルニア海流が循環している。

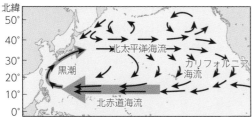

北太平洋の海水の流れ

　日本列島の南岸を流れる，周囲より温度の高い海流が黒潮である。これは，低緯度帯で東から西に向かってふいている貿易風の影響で生じるすじのような海流で，フィリピン沖から3000 km以上北上して日本に到達する暖流である。幅は約100 km，深さは約1000 mであり，流れは最も速い場所で2.5 m/sをこえるなど世界でもっとも強い海流の一つである。黒潮は，赤道付近から北太平洋の海水とともに熱も運んでくる世界最大のエネルギーの流れであり，この熱が日本に湿潤な気候をもたらしたり台風の発達をうながしたり豊富な降水を支えたりしている。

ガイド 2 黒潮の蛇行（だこう）とその影響

　黒潮には大きく2つの流れ方がある。1つ目は日本の南側に沿って直進する流れ方である。2つ目は本州南方で流れの向きを大きく南に変え一度沖に離れたのちにふたたび戻ってくるような蛇行を行う流れ方である。この黒潮の蛇行は長期的なものであり，少なくとも1年，長い場合には数年続くこともある。

　流れの速い黒潮の流れ方が変わると船の航路決定に大きな影響が生じる。また，蛇行をすると黒潮の暖かい熱が沖の方へ流れ，沿岸の水温が低くなってしまうため漁業にも大きな影響が生じる。特に水温で漁場が決まるカツオなどの魚は漁獲量の変動が大きくなる。

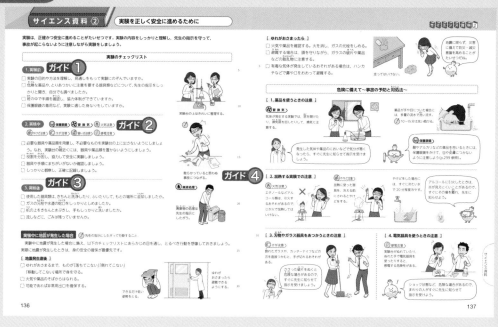

ガイド 1 　実験前

□実験の前に目的や方法をしっかり確認することで，必要器具もそろえられるし，スムーズに落ち着いて作業を進めることができる。

□危険な薬品やとりあつかいに注意が必要な器具があれば，先生の指示を聞ききちんと理解してから実験を行う。

□班で実験を行う際には事前に班のみんなで実験の方法，手順を確認し役割分担などを決めておく。

□実験の日には，安全に実験を行うために動きやすく薬品などが直接体にふれない服装，そでやすそが器具に引っかからない服装を心がける。また，薬品を使用する際には薬品が目に入らないように保護眼鏡を着用する。

□実験の様子は，後からふり返り考察することができるように記録用紙を用いてくわしく記録する。観察はていねいに行う。

ガイド 3 　実験後

□使用した器具は先生の指示にしたがって正しく洗浄し返却する。廃液の中には自然環境に影響を与えるものもあるため，処理の仕方をきちんと確認しとりあつかいには十分気をつける。

□ガスの元栓や水道の蛇口はしめ忘れがないようチェックをする。

□机や手に薬品が残っていると危険なので，水ぶきや手洗いはきちんと行う。

□流しなどにごみを残すことがないよう処理を忘れないようにする。

ガイド 2 　実験中

□実験中は，机の上に必要な器具や薬品だけを置き，不必要なものは，置かないようにする。また，机の端は，器具や薬品が落ちやすいので，置かないようにする。

□実験前に決めた班での役割分担を，各自が責任持って行い，実験に集中し，協力して成果を得られるようにする。

□器具や手順にまちがいがあるとけがや事故につながりかねない。実験中も正しい器具の使い方や手順を確認し，安全に作業を進められるようにする。

ガイド 4 　加熱する実験での注意

　エタノールなどのアルコール類を加熱する際は引火のおそれがあるため，じか火で加熱するのではなく必ず湯浴を用いる。もしアルコールに引火したときは，炎が見えにくいことがあるのですぐにその場を離れて先生に伝えるようにする。万が一やけどをしてしまった場合には，すぐに冷水でしばらく冷やすようにする。

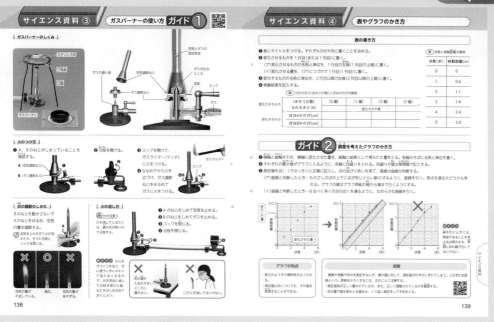

ガイド 1 ガスバーナーの使い方

[ガスバーナーのしくみ]

ガスバーナーには，ガスを出すコック，ガスの出かたを調節するガス調節ねじ，空気の出かたを調節する空気調節ねじがあり，ふたつのねじを調節して，ガスと空気を適切に混合させて燃やすしくみになっている。中には，元栓の開閉でガスを出すため，コックのないガスバーナーもある。

[マッチの使い方]

マッチは火薬の部分をマッチ箱の横についている紙やすりでこすり，その摩擦熱で火薬に点火するものである。安全に使用するために中のマッチの火薬の部分が手前に来るように箱を持ち，手前から奥に火薬をこすることで点火させる。このとき人のいる方に点火させないように注意する。

[火のつけ方]

ガスバーナーは，安全のため机の端などたおれたり落ちたりするところには置かない。またまわりに燃えやすいものがないか十分注意する。

① 上側にある空気調節ねじと下側にあるガス調節ねじが軽くしまっている状態にする。もしねじが固くしまっていたら後の操作で回しやすいように一度ゆるめて軽くしめておくと良い。

② ガスの元栓を開ける。

③ コックを開けてガスライターもしくはマッチに火をつける。

④ ガス調節ねじを反時計回りに回しゆるめながら，ななめ下から火を近づけて点火する。

[炎の調節のしかた]

① 炎の大きさが10 cmくらいになるようにガス調節ねじを回して，ガスの量を調節する。ねじを反時計回りに回すとガスの量は増え，炎は大きくなる。

② ガス調節ねじを動かさずに空気調節ねじだけを回して空気の量を調節し，青い炎にする。空気の量が多すぎて火が消えたら，すぐにコックと元栓をしめる。

ガイド 2 誤差を考えたグラフのかき方

観察や実験を行う際，全て正確に測定することは不可能であるため，真の値に対して測定値がわずかにずれてしまう。このずれを誤差と呼ぶ。

グラフをかくときには誤差を考慮した上で変化のようすや規則性を見つける必要がある。そのため単純に点を結んだ折れ線でグラフをかくのではなく点の並び具合から直線か曲線かを判断し，直線と判断した場合には上下に点が同じぐらい散らばるように，曲線と判断した場合にはなるべく多くの点の近くを通るようになめらかに線を引くことを心がける。

誤差を小さくするためには，測定器具が正しく使用，調節されていることを確認し，くり返し測定をして平均をとるようにするとよい。

化学変化と原子・分子

ガイド ① 学びの見通し

　この単元では，化学変化についての観察・実験を中心に学習する。化学変化を原子や分子のモデルと関連づけながら，それらの観察・実験などに関する技能を身につけること，見通しをもって観察・実験を行い，原子や分子のモデルと関連づけて，その結果を考察する方法，化学変化における物質の変化やその関係を見いだして表現する方法を身につけることが目標である。

　第1章「物質の成り立ち」では，炭酸水素ナトリウムや酸化銀，水といった物質を用いて，物質を分解する実験を行う。分解してできる物質はもとの物質とは異なることを学習する。物質は原子や分子からできていること，状態変化とは異なる化学変化についての理解を深めることが目標である。

　第2章「物質の表し方」では，物質を構成する原子の種類は元素記号で表されることを学習する。元素を原子番号の順に並べた周期表や化学式・化学反応式の表し方についても学ぶ。化学変化は原子や分子のモデルで説明できること，化合物は化学式で，化学変化は化学反応式で表されることを理解することが目標である。

　第3章「さまざまな化学変化」では，鉄と硫黄が結びつく実験を通して，2種類以上の物質が結びついて反応前とは異なる物質ができる反応があることを学習する。また，銅や鉄，マグネシウムなどの物質と酸素が結びつく変化(酸化)，その反対に物質から酸素を取りのぞく変化(還元)についても学ぶ。さらに，化学変化には熱の出入りがともなうことも学習する。さまざまな化学変化を通して，化学変化を原子や分子のモデルと関連づけて理解することが目標である。

　第4章「化学変化と物質の質量」では，化学変化の前後における物質の質量を測定する実験を行い，反応の前後で，その反応に関係している物質全体の質量が変わらないことを学習する(質量保存の法則)。また，銅を空気中で加熱する実験を通して，反応する物質の質量の間には一定の関係があることを学ぶ。ここでは，見通しをもって観察・実験を行い，得られた結果を分析して解釈すること，そして，化学変化の前後で物質の全体質量の和が等しいこと，および反応する物質の質量の間には一定の関係があることの2つの規則性への理解を深めることが目標である。

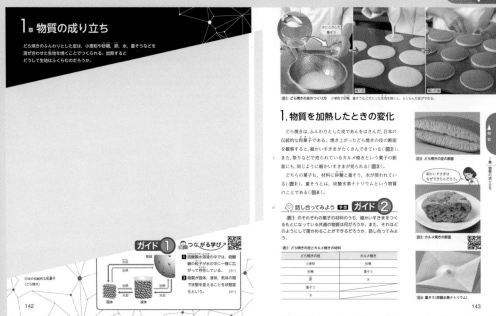

物質

ガイド1　つながる学び

1中学校1年では水溶液の性質について学習した。硫酸銅を水に入れてしばらく放置すると、液をかき混ぜなくても硫酸銅はしだいに水の中に広がっていく。これは、水が硫酸銅の粒子と粒子の間に入りこみ、粒子が水の中に一様に広がるからである。

2小学校6年では、物質の状態変化を学んだ。物質はその温度によって、気体、液体、固体のいずれかの状態にある。中学校1年では、物質の状態変化によって、粒子の並び方や運動のようすが異なることを学んだ。また、物質を加熱したり冷却したりすることで、それぞれの状態を行き来することを学んだ。

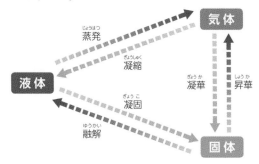

物質の状態変化（発展内容）

ガイド2　話し合ってみよう

　どら焼きの皮にもカルメ焼きにも、砂糖と重そう、水が使われている。重そうは炭酸水素ナトリウムという物質である。細かいすきまが見られるのは、生地を焼いているときにその中から気体が発生するからである。

　重そうによって生地がふくらむかどうかは、重そうを加えた生地と加えなかった生地を加熱し、そのふくらみの程度を比べるとよい。このとき、調べたいこと（重そうが生地をふくらませているのか）以外は同じ条件にして実験をする必要がある。

　この実験を行うと、教科書p.144図5にあるように、重そうを加えた生地と重そうを加えなかった生地とで違いが見られる。この結果から、生地をふくらませているのは重そうだとわかる。

　重そうはどら焼きの皮やカルメ焼きのほかに、ホットケーキやまんじゅうの生地にも使われている。

テストによく出る
器具・薬品等

□炭酸水素ナトリウム

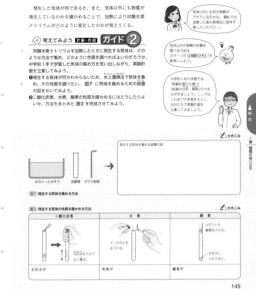

ガイド 1　思い出してみよう

　中学校1年では、いくつかの気体についてその発生方法を学んだ。それぞれの気体の発生方法は、下の表の通りである。

気体	発生方法
酸素	二酸化マンガンにうすい過酸化水素水を加える。もしくは、過炭酸ナトリウムに湯を加える。
二酸化炭素	石灰石にうすい塩酸を加える。もしくは、炭酸水素ナトリウムに酢酸を加える。
アンモニア	塩化アンモニウムと水酸化カルシウムの混合物を加熱する。
水素	亜鉛や鉄などの金属にうすい塩酸を加える。

　これらの変化では、反応する前の物質と反応する後の物質が異なっている。このことから、これらの反応は、水（液体）から水蒸気（気体）が発生する状態変化とは異なるものである。

ガイド 2　考えてみよう

❶水上置換法は水にとけにくい気体を集めるのに適している。水上置換法では、はじめに出てくる気体は装置内にあった空気を多くふくむため、最初に出てきた空気（試験管1本分以上）は捨ててから気体を集める。

発生する気体を集める装置の図

❷二酸化炭素、水素、酸素の性質を確かめるには、次のような操作をする。

二酸化炭素	水素	酸素
石灰水を入れてよく振る。	マッチの火を近づける。	火のついた線香を入れる。水を少し入れておく。
石灰水が 白くにごる	気体が 音をたてて燃える	線香が 激しく燃える

器具・薬品等

- □炭酸水素ナトリウム
- □塩化コバルト紙
- □フェノールフタレイン溶液

ガイド 1　実験のスキル

◎塩化コバルト紙

水が発生したかどうかを確かめるには，塩化コバルト紙を用いる。塩化コバルト紙は，水にふれると青色から赤色に変化する。教科書 p.146 実験1では，炭酸水素ナトリウムを加熱すると水が発生するかどうかを確かめるために，塩化コバルト紙を用いる。リトマス紙の色の変化(酸性：青→赤，アルカリ性：赤→青)と混同しないように，注意が必要である。

◎フェノールフタレイン溶液

水溶液がアルカリ性かどうかを確かめるには，フェノールフタレイン溶液を用いる。フェノールフタレイン溶液は，アルカリ性の水溶液に入れると赤色に変化する。教科書 p.146 の写真のように，アルカリ性の強さの程度によって，赤色の度合いも変化する。教科書 p.146 実験1では，炭酸水素ナトリウムと加熱後の物質にそれぞれ水を加えた水溶液がアルカリ性であるかどうかを確かめるために，フェノールフタレイン溶液を用いる。中学校1年では，アンモニアの性質を調べるために，フェノールフタレイン溶液を用いた。

ガイド 2　結果

1. 石灰水を入れてよく振ると，石灰水が白くにごった。

   マッチの火を近づけると火が消えた。
   火のついた線香を入れると，火が消えた。

2. 塩化コバルト紙は赤色に変化した。

3. 炭酸水素ナトリウムは水にあまりとけないが，水溶液にフェノールフタレイン溶液を入れると，うすい赤色になる。

   加熱後の白い物質は水によくとけ，水溶液にフェノールフタレイン溶液を入れると，濃い赤色になる。

ガイド 3　考察

1. 発生した気体は二酸化炭素である。

   二酸化炭素には，石灰水を白くにごらせる性質がある。

2. 試験管の口についた液体は水である。

   塩化コバルト紙は，水にふれると赤く変色する性質がある。

3. 加熱後の物質は，炭酸水素ナトリウムとは異なる物質である。

   水へのとけ方が異なり，また，フェノールフタレイン溶液に対する反応が異なるから。

テストによく出る
器具・薬品等

□炭酸ナトリウム
□酸化銀

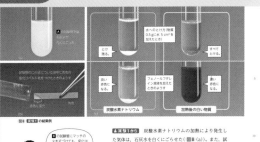

148　149

ガイド ① ためしてみよう

　黒色の酸化銀の粉末を試験管に入れて加熱すると，試験管の中には白色のかたまりができ，気体が発生する。

　白色のかたまりをこすると，光沢が出る(金属光沢)。金しきの上でたたくとうすくのびる(展性)。また，電流を通す(電気伝導性)。この3つの性質から，白色のかたまりは，金属であることがわかる。この金属は銀である。

　酸化銀を加熱したときに出る気体を，水上置換法で試験管に集め，火のついた線香を入れると，激しく燃える。このことから，この気体が酸素であることがわかる。

　したがって，酸化銀を加熱すると，

$$酸化銀 \longrightarrow 銀 + 酸素$$

となることがわかる。

　このように，物質が2種類以上の物質に分かれることを，分解といい，特に加熱によって分解することを熱分解という。

テストによく出る

● 炭酸水素ナトリウムの熱分解　炭酸水素ナトリウムの加熱実験では，次のようなことに注意する。

●試験管の口を下げる。

　これは，発生した液体が試験管の加熱部に流れると，急激に冷やされて収縮し，試験管を割るおそれがあるからである。

●はじめに出てくる気体は集めない。

　はじめに出てくる気体は試験管内の空気である。そのため，試験管1本分以上の気体は捨てる。

●ガラス管を水そう内の試験管からぬいてから，加熱をやめる。

　これは，加熱をやめると，加熱していた試験管内の圧力が低下して，水が逆流するからである。

　炭酸水素ナトリウムを加熱すると，炭酸ナトリウム，水，二酸化炭素に分解する。水は塩化コバルト紙，二酸化炭素は石灰水で確認ができる。試験管内に残った物質は炭酸ナトリウムである。炭酸水素ナトリウムは水にあまりとけないが，炭酸ナトリウムは水によくとける。また，炭酸水素ナトリウム水溶液は弱いアルカリ性だが，炭酸ナトリウム水溶液は強いアルカリ性である。

84

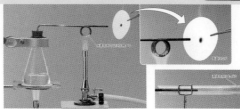

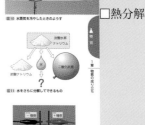

つながる学び ガイド 1
金属の性質 [01]

　前ページの実験で、酸化銀を加熱すると、気体が発生して白い固体が残った。発生した気体を集めた試験管に火のついた線香を入れると、線香が激しく燃えたことから、発生した気体が酸素であることがわかる。
　試験管に残った白い物質をかたいものでこすると、特有の光沢が出て、それをたたくとうすくのびていった。また、この物質は電気をよく通したので、金属であることがわかる。この金属は銀である。

　このように、もとの物質とは性質の異なる別の物質ができる変化を、**化学変化**または**化学反応**という。炭酸水素ナトリウムや酸化銀を加熱したときのように、1種類の物質が2種類以上の物質に分かれる化学変化を**分解**という。特に、加熱による分解を**熱分解**という。

部活ラボ ガイド 2
よごれたユニフォームを漂白するには

　運動部のユニフォームや練習着を家で洗濯するときに、洗剤といっしょによく使われるのが酸素系漂白剤です。この中には過酸化水素や過炭酸ナトリウム●という物質がふくまれています。
　中学校1年では、うすい過酸化水素水を用いて酸素を発生させる実験を行いました。これは、過酸化水素が、酸素と水に分解する反応ですが、洗濯の際の水の中でも、同様の反応が起こります。また、過炭酸ナトリウムは、炭酸ナトリウムと酸素と水に分解されます。この過程でよごれの物質が分解され、衣類を漂白するのです。

● 過炭酸ナトリウム
炭酸ナトリウムと過酸化水素が混合されてできた物質。

つながるページ「消化酵素」による消化も化学変化の1つである。p.38 参照。

図9 ガスバーナーで加熱した水蒸気に、紙を当てたときのようす　　図10 水蒸気を冷やしたときのようす

2. 水溶液に電流を流したときの変化

　炭酸水素ナトリウムを加熱すると、分解して別の物質に変化した。分解によってできた水は、さらに分解することができるのだろうか。
　図9のように、水を加熱すると水蒸気に変化し、その水蒸気をさらに加熱すると、紙をこがすほどの高温になる。しかし、図10のように水蒸気を冷やすと、液体の水にもどるので、水が別の物質に変化しているわけではない。
　一方、水に電流を流すと気体が発生する（図12）。

❓ 水に電流を流したときに発生する気体は何だろうか。

話し合ってみよう 予想 ガイド 3
　空気中で水素が燃えると水ができた。これをもとにして、水を分解すると何ができるか予想してみよう。

図11 水をさらに分解してできるもの

図12 水に電流を流したときのようす

物質

ガイド 1 つながる学び

　金属には次の共通の性質がある。
① 電気をよく通す(電気伝導性)。
② 熱をよく伝える(熱伝導性)。
③ みがくと光沢が出る(金属光沢)。
④ たたいて広げたり(展性)，引きのばしたり(延性)することができる。

テストによく出る ！
🔶 **化学変化(化学反応)** もとの物質とは性質の異なる，別の物質ができる変化のこと。
🔶 **分解** 1種類の物質が2種類以上の物質に分かれる化学変化のこと。加熱による分解を熱分解という。

ガイド 2 酸素系漂白剤

　酸素系漂白剤として売られている製品の主成分は，過炭酸ナトリウムである。過炭酸ナトリウムは炭酸ナトリウム(炭酸ソーダ)と過酸化水素が混合してできたものである。
　過炭酸ナトリウムは漂白剤，除菌剤，消臭剤としてよく使われている。

ガイド 3 話し合ってみよう

　「水素を燃やすと水ができた」をいいかえると，「水素と酸素が化学変化を起こして水になった」である。したがって，水を分解すると水素と酸素になることが予想できる。

テストによく出る
器具・薬品等

□電気分解装置

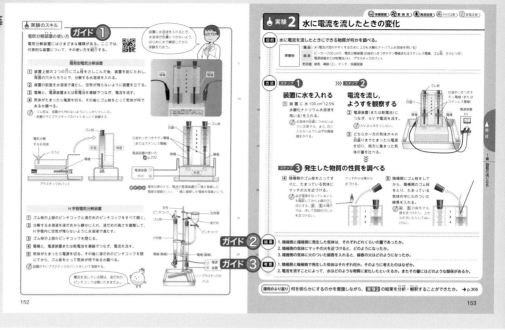

ガイド 1 　電気分解装置の使い方

　電気分解装置には，教科書 p.153 実験 2 で用いられているような簡易型電気分解装置，H字管を用いたH字管電気分解装置，水そうと試験管を用いた電気分解装置などがある。

　簡易型電気分解装置やH字管電気分解装置を使用する場合は，中の水酸化ナトリウム水溶液がもれやすいので，必ず装置の下にプラスチックのバットをしいておくこと。また，どの装置を用いた場合でも，発生した気体が何であるかを調べるときは，電源を切ってから行う。その際，H字管電気分解装置では，液だめのピンチコックを閉じてから行う。

　水酸化ナトリウム水溶液は，タンパク質をとかすので，皮膚についたり，目に入ったりしないよう保護眼鏡やゴム手袋をする。手などについてしまった場合はよく水洗いをし，その後，先生の指示に従う。

ガイド 2 　結果

1.　陰極側には，陽極側の約 2 倍の体積の気体が集まった。
2.　音を立てて燃えた。
3.　炎をあげて激しく燃えた。

ガイド 3 　考察

1.　陰極側：水素

　　理由：マッチの火を近づけると，音を立てて爆発的に燃えたから。

　　陽極側：酸素

　　理由：火のついた線香を入れると，線香の火が激しく燃えたから。

2.　電流を流すことによって，水は水素と酸素に分解されたといえる。また，発生した気体の体積は，水素が酸素の約 2 倍になっている。

解説 　水の分解

　純粋な水は電流を通さないので，電流を通しやすくするため，2.5% 水酸化ナトリウム水溶液を用いて行う。加えた水酸化ナトリウムは，結果的には変化しない。

　陰極側にたまった気体は，マッチの火を管の口元に近づけて燃えれば，水素であることがわかる。水素は非常に軽い気体なので，マッチの火はゴム栓をとるのとほとんど同時に近づけるようにする。陽極側にたまった気体は，火のついた線香を近づけると，線香が激しく燃えるので酸素であることがわかる。

　たまった気体の体積比は，水素(陰極)：酸素(陽極)＝ 2：1 である。酸素も水素もほとんど水にとけないので，水は，水素「2」に対して，酸素「1」が結びついてできているといえる。

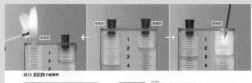

図13 実験2の結果例

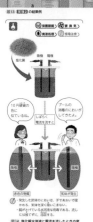

水 → 水素 ＋ 酸素

図14 塩化銅水溶液に電流を流したときの変化を調べる実験

ガイド①

154

陰極側に発生した気体は、マッチの火を近づけると音を立てて燃えたことから、水素であることがわかった。また、陽極側に発生した気体は、火のついた線香を入れると線香が激しく燃えたことから、酸素であることがわかった（図13）。

したがって、水に電流を流すことによって、水は水素と酸素に分解したといえる。また、発生した気体の体積は、水素が酸素の約2倍になっている。

水以外にも、水溶液にして電流を流すことで分解できる物質がある。図14のように、塩化銅水溶液に電流を流すと、陰極に銅が付着し、陽極から塩素が発生する。

塩化銅 → 銅 ＋ 塩素

このように、電流を流すことによって物質を分解することを電気分解という。

酸化銅の熱分解によってできる銅と酸素、水の電気分解によってできる水素と酸素、塩化銅水溶液の電気分解によってできる銅と塩素は、もうこれ以上分解できない物質であることがわかっている。

図15 酸化銀の熱分解で得られた銀

3. 物質のもとになる粒子

物質を分解していくと、それ以上分解できない物質ができることを学習した。分解できない物質とは、どのような物質だろうか。物質の構造を調べてみよう。

❓ 物質をさらに細かく分けていくと、どのようになるのだろうか。

思い出してみよう　ガイド②

物質は、どのようなものが集まってできていただろうか。

中学校1年のとき、すべての物質は、目に見えないきわめて小さい粒子がたくさん集まってできていることを学んだ。銀を高倍率の電子顕微鏡で観察すると、小さな粒子が集まってできていることがわかる（図16）。

19世紀のはじめ、ドルトン（次ページ参照）は、物質はそれ以上分けることのできない小さな粒子からできていて、粒子の種類により質量と性質が異なると考えた。この考えは、現在では正しいと認められており、この小さい粒子のことを原子とよんでいる。原子の質量や大きさは種類によって異なっているが、どれも非常に小さい。

図16 銀の電子顕微鏡写真（約3000万倍）

図17 原子の大きさ
銀原子と比べてテニスボールの大きさは、テニスボールと比べた地球の大きさとほぼ同じである（p.296参照）。

図18 1円硬貨にふくまれる原子
1円硬貨は、アルミニウム原子からできている。アルミニウム原子1個の質量は約0.000000000000000000000045gなので、1円硬貨1枚(1g)には、およそ22000000000000000000000個(約21億 続く)のアルミニウム原子がふくまれている。

155

テストによく出る
重要用語等

□電気分解
□原子

テストによく出る
器具・薬品等

□塩化銅

物質

ガイド① 塩化銅の電気分解

塩化銅水溶液に電流を通すと、陰極では、赤色の金属の銅が付着する。陽極では、気体の塩素が発生する。塩素は水にとけやすく、発生した塩素の一部は水にとけてしまう。

ガイド② 思い出してみよう

中学1年で学習したように、すべての物質は、目に見えないきわめて小さい粒子が集まってできている。

解説 原子の構造

原子の中心には、陽子と中性子からなる原子核がある。陽子の個数は原子番号と同じ（現行の原子の周期表は陽子の個数によって並べたものである）であり、中性子の個数は陽子の個数と同じか、少し個数が多い。陽子と中性子の質量はほぼ同じであり、原子の質量のほとんどは陽子と中性子でしめる。

陽子は＋の電気をもち、中性子は電気をもたない。原子核のまわり電子がまわっており、その個数は陽子の個数と同じである。電子は－の電気をもち、1個の電子がもつ電気の量の絶対値は、1個の陽子がもつ電気の量の絶対値に等しい。そのため、原子全体では電気をもたない。

電子は、奪われたり、ほかから取りこんだりすることもある。原子の性質は、これらの陽子、中性子、電子の個数によって定まるのである。

テストによく出る❗

🔶 **電気分解**　ある物質の水溶液に電気を通して物質を分解すること。陽極（電源装置の＋極と接続した電極）と陰極（電源装置の－極と接続した電極）に分解された物質が別々に出てくる。固体の場合は、電極に付着し、気体の場合は、電極をおおった試験管などの上部にたまる。

🔶 **原子**　物質を分割していったとき、通常の化学的方法ではこれ以上分割できなくなったときの最小の粒子を原子という。原子の種類は、現在では約120種類が知られている。その中には、人工的につくり出された原子もある。

すべての物質は原子が集まってできているが、1種類の原子の集まりであることも、複数の種類の原子の集まりであることもある。

テストによく出る
重要用語等

□分子

テストによく出る

🔹 **原子の性質**
①化学変化でそれ以上分けることができない。
②化学変化で新しくできたり，種類が変わったり，なくなったりしない。
③種類によって，その質量や大きさが決まっている。

り出そうとした技術のことである。錬金術師たちは，硫黄と水銀を混ぜれば，硫黄の黄色と，水銀の銀色で金になるのではないかと考えた。しかし，硫黄は硫黄の原子から，水銀は水銀の原子から，金は金の原子からできている物質である。加熱したり，冷やしたり，混ぜたりといった状態変化や化学変化では，種類が変わらないのが原子の性質なので，金を生み出すことはできなかったのである。

ガイド 1 ドルトン

1766年に生まれたイギリスの科学者。1803年に，「物質はこれ以上分けることのできない『原子』という小さな粒からできており，その種類によって，性質と質量が異なる」という「原子説」を発表した。それまでにも，物質が小さな粒からできているという学説はあったが，実験の結果，原子には，さまざまな種類があることを唱えたのはドルトンが最初である。ドルトンは，複数の原子が結びついてできる分子という考え方には反対であったが，彼の唱えた原子説の基本は，現在では正しいと認められている。

テストによく出る

🔹 **分子**　物質には，金や銀のように，1種類の原子だけでできているものだけでなく，同じ種類の複数の原子，あるいはいくつかの種類の原子が結びついたものが，1つの単位になっているものがある。例えば，水の分子は，水素原子2つと酸素原子1つからできている。これを分子という。

ガイド 2 話し合ってみよう

中世ヨーロッパでさかんに行われた錬金術とは，さまざまな物質を加熱したり，混ぜたり，冷やしたりすることによって，もっとも高価な「金」をつく

ガイド 3 アボガドロ

1776年イタリアに生まれた科学者。「気体は2個以上の原子が集まった分子でできている」という分子の考え方を発表した。その後，さまざまな物質が，分子の形で存在することが確かめられた。

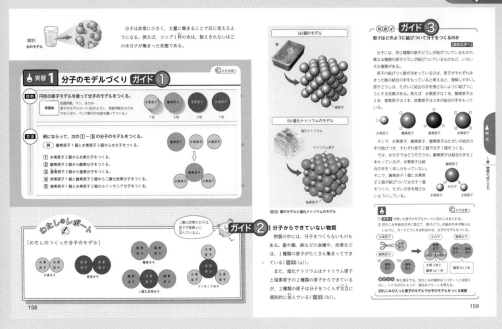

ガイド 1　実習 1

　水素原子を H, 酸素原子を O, 窒素原子を N, 炭素原子を C としてモデルカードをつくると次のようになる。

① 水素分子

（水素原子2個）

② 酸素分子

（酸素原子2個）

③ 窒素分子

（窒素原子2個）

④ 二酸化炭素分子

（炭素原子1個）
（酸素原子2個）

⑤ アンモニア分子

（窒素原子1個）
（水素原子3個）

　モデルは，原子の種類と個数，結びつきがわかるものであればよい。原子の種類のちがいをわかりやすくするために，「色」「形」「大きさ」などを変えるのもよい。

　いろいろな色のカラーねんどを，適当な大きさの玉にして1個の原子を表現し，つまようじなどでつないで分子を表現する方法も考えられる。

ガイド 2　分子からできていない物質

　物質の中には，分子をつくらないものがある。

① 　1種類の原子が，数に決まりなく，たくさん集まってできているもの。金，銀，銅，鉄，アルミニウムなどの金属や炭素。

② 　2種類の原子が上下・左右・前後に交互に並んで集まってできているもの。塩化ナトリウム，塩化銅など結晶をつくる物質。

ガイド 3　結合の手

　分子になったときのそれぞれの原子の数を正しく理解するには，原子1つ1つに，ほかの原子と結びつくための「手」があると考えるとよい。

　水素原子 H → 1本　　酸素原子 O → 2本
　窒素原子 N → 3本　　炭素原子 C → 4本

水分子をつくる原子	H⌒ O⌒ ⌒H
二酸化炭素分子をつくる原子	O⌒ C⌒ ⌒O

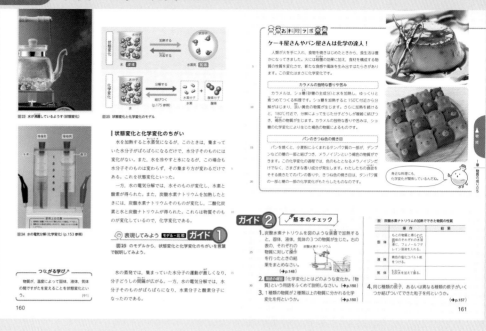

ガイド ① 表現してみよう

　状態変化では，粒子の並び方や運動のようすが変化するが，水分子そのものの構造は変わらない。一方で，化学変化では，水分子そのものの構造が変化し，水分子は水素分子と酸素分子に分解される。このように，化学変化では，もとの物質とは性質の異なる別の物質ができるという特徴をもつ。

ガイド ② 基本のチェック

1.

	操作	結果
固体	もとの物質と得られた固体のそれぞれの水溶液に，フェノールフタレイン溶液を入れる。	もとの物質：淡い赤色になる。得られた固体：濃い赤色になる。
液体	青色の塩化コバルト紙をつける。	赤色に変化する。
気体	石灰水に入れて振る。	白くにごる。

2.　化学変化とは，もとの物質とは性質の異なる別の物質ができる変化のことである。

3.　分解

4.　分子

解説 化学変化と料理

　教科書 p.144 図 5 で実験したように，重そう(炭酸水素ナトリウム)はどら焼きの皮やカルメ焼きをふくらますために使われている。このように，料理の工程には化学変化を利用したものも多い。たとえば，重そう(炭酸水素ナトリウム)は生地をふくらませるほかにも，山菜やタケノコ，レンコンやゴボウなどのあくぬきにも用いられる。これは，炭酸水素ナトリウムがアルカリ性であることを利用している。

　また，状態変化を利用した料理の例もある。わたあめは，砂糖(砂糖の主成分であるショ糖)を原料とした菓子である。まず，わたあめ製造機の中心に砂糖を入れ，砂糖を加熱する。砂糖が状態変化を起こして液体になると，砂糖は機械の中心から糸状に放出される。続いて，砂糖を棒でからめとるときに砂糖は外の空気によって冷やされ，固体にもどる。

　このように，料理中に起こっている化学変化や状態変化を理解しながら料理をすることで，料理の工程1つ1つの意味を確認することができる。

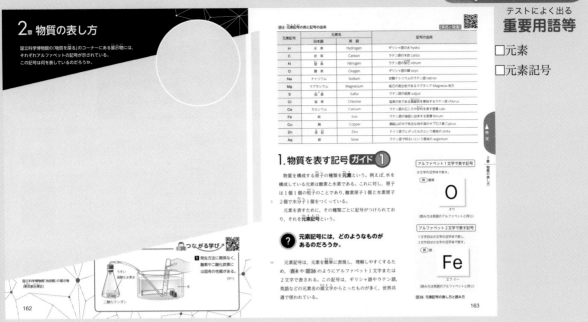

ガイド 1 物質を表す記号

　ドルトンは，原子説の中で下図のような記号を用いて原子を表した。しかし，当時のほかの科学者は，ドルトンとは異なる独自の絵や記号で表していた。

ドルトンが考案した原子の記号

ドルトンが考案した原子の記号	現在の原子名	ドルトンが考案した原子の記号	現在の原子名
⊙	水素	⊕	ストロンチウム
⦶	窒素	✷	バリウム
●	炭素	Ⓘ	鉄
○	酸素	Ⓩ	亜鉛
✤	リン	Ⓒ	銅
⊕	硫黄	Ⓛ	鉛
◑	マグネシウム	Ⓢ	銀
∾	カルシウム	Ⓖ	金
⦶	ナトリウム	Ⓟ	白金
⦷	カリウム	✺	水銀

　そこで，スウェーデンの科学者で医師でもあるベルセリウスは，右表のように英語名もとはラテン語やギリシャ語に由来する名称やラテン語名の頭文字をとって元素記号を示す表記法を提唱した。

元素名	記号	語源	意味
水素	H	英語	hydrogen ハイドロジェン 水をつくるものの意 gen は gennao(つくる)
酸素	O	英語	oxygen オキシジェン　ギリシャ語の oxys(酸味のある)から
炭素	C	英語	carbon カーボン ラテン語の carbo(炭)から
窒素	N	英語	nitrogen ニトロジェン ラテン語の nitrum(硝石)から
カリウム	K	ラテン語	kalium ラテン語で灰の意味，草木灰より分離　英 potassium
鉄	Fe	ラテン語	ferrum フェラム ラテン語で強固な・強いの意

　現在，元素は約 120 種類で，ベルセリウスが提唱したように，語源や名前をもとに，アルファベット1文字または，2文字を用いて表している。

　アルファベット1文字の場合は，大文字
　【例】　リンは P，硫黄は S
　アルファベット2文字の場合は大文字＋小文字
　【例】　銅は Cu，ナトリウムは Na

　この元素記号は世界共通に用いられ，読み方は英語のアルファベットと同じである。現在知られている元素の記号，原子番号などは，教科書 p.164〜165 や後見返し❿，⓫の元素の周期表に出ている。

テストによく出る
重要用語等

□周期表

ガイド 1　周期表

　現行の周期表は，原子を原子番号の順に並べたもので，18の族に分類されている。同じ族に属する元素はよく似た性質をもっているので，原子番号の順に元素を見ていくと，周期的に似たような性質が現れる。これが，周期表の名のいわれである。例えば，1族の元素は，原子番号1番の水素 H を除いて，酸に反応しやすい性質をもつ。18族の元素はいずれも気体であり，他の物質とは結合しにくいという性質をもつ。

　下でふれるメンデレーエフは，この周期性から推測して，未知の元素の性質を予言したのであった。

ガイド 2　メンデレーエフ

　19世紀中ごろまで，さまざまな原子が発見され，それらの原子をどのように整理したらよいか，多くの科学者がとり組んだ。原子の質量と体積がくわしく調べられるようになり，原子を原子量(炭素原子1個の質量を12としたときの各原子の質量の比で表したもの)の順に並べると，似た性質の原子が周期的に現れることがわかってきた。そこで，メンデレーエフは，原子量ばかりでなく化学的性質も重視し，周期表に未発見の原子の空欄をつくり，ゲルマニウムやスカンジウムなどの存在を予言した。そして，実際に発見されたことで，彼の周期表は広く認

められることになった。アメリカのシーボーグらが，原子番号99の Es(アインスタイニウム)に α 粒子を当ててつくった原子番号101の Md(メンデレビウム)は，メンデレーエフの功績をたたえてつけた記号である。

解説　周期表の覚え方

　周期表は，元素を原子番号の順番に並べ，似たような性質をもつ元素を縦の列(族)に配置したものである。

　周期表をすべて覚える必要はないが，中学校から高校の学習では原子番号20番のカルシウム Ca くらいまでは，元素の種類とその配列を覚えられるとよい。

　この周期表の配列を覚えるための有名な語呂合わせに，「水平リーベ僕の船…」などがある。どのようなものか，インターネットなどで調べてみてもおもしろいだろう。

ガイド 1　分子の表し方

① 分子をつくっている原子を，それぞれの元素記号で表す。

② 結びついている原子の数は，元素の記号の右下に数字を小さくつけて示す。

③ 原子が1個のときは，右下の数字の1は省略する。

	原子の数	モデル	化学式
水素分子	水素原子2個	⒣⒣	H_2
酸素分子	酸素原子2個	ⓄⓄ	O_2
窒素分子	窒素原子2個	ⓃⓃ	N_2
水分子	水素原子2個 酸素原子1個	⒣ⓄⒽ	H_2O
二酸化炭素分子	炭素原子1個 酸素原子2個	ⓄⒸⓄ	CO_2
アンモニア分子	窒素原子1個 水素原子3個	⒣Ⓝ⒣⒣	NH_3

解説　元素と原子

　水素や酸素のように，物質を構成する基本的な成分を元素という。元素の種類は世界共通の元素記号を用いて表される。例えば，水素の元素記号は H，酸素の元素記号は O である。

　一方で，元素記号と数字を用いて物質を表したものが化学式である。化学式も世界共通で使われており，例えば水素分子の化学式は H_2，酸素分子の化学式は O_2 である。

　ところで，同じ名称を用いていても，元素の種類を表す場合と物質の名称を表す場合があることに注意が必要である。つまり，同じ水素という言葉でも，場合によって異なる意味になるときがある。例えば，「水は酸素と水素でできている」という場合の水素は，化合物（原子が結びついてできた物質。教科書 p.168 参照）としての水の構成成分をさしているので，元素の意味で用いられている。しかし，「水を電気分解すると，水素と酸素が発生する」という場合の水素は，具体的な物質である気体の水素そのものの名称を指しているので，物質の名称の意味で用いられているといえる。

テストによく出る
重要用語等

- □単体
- □化合物
- □純物質
- □混合物

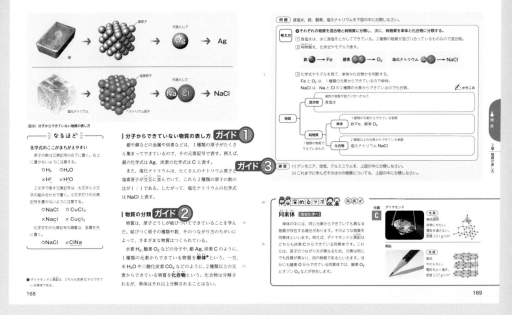

図31 分子からできていない物質の表し方

── なるほど ──
化学式のここがまちがえやすい
原子の数は元素記号の右下に書く。右上に書かないよう注意する。

○H_2　○H_2O
×H^2　×H^2O

2文字で表す元素記号は，大文字と小文字の組み合わせで書く。小文字だけの元素記号を書かないよう注意する。

○$NaCl$　○$CuCl_2$
×$Nacl$　×$Cucl_2$

化学式中の元素記号の順番は，金属を先に書く。

○$NaCl$　×$ClNa$

❶ ダイヤモンドと黒鉛は，どちらも炭素Cからできている単体である。

▌分子からできていない物質の表し方　ガイド①
銀や銅などの金属や炭素などは，1種類の原子がたくさん集まってできているので，その元素記号で表す。例えば，銀の化学式はAg，炭素の化学式はCと表す。
また，塩化ナトリウムは，たくさんのナトリウム原子と塩素原子が交互に並んでいて，これら2種類の原子の数の比が1：1である。したがって，塩化ナトリウムの化学式はNaClと表す。

▌物質の分類　ガイド②
物質は，原子どうしが結びついてできていることを学んだ。結びつく原子の種類や数，そのつながり方のちがいによって，さまざまな物質がつくられている。
水素H_2，酸素O_2などの分子や，銀Ag，炭素Cのように，1種類の元素からできている物質を単体という。一方，水H_2Oや二酸化炭素CO_2などのように，2種類以上の元素からできている物質を化合物という。化合物は分解されるが，単体はそれ以上分解されることはない。

168

例題 食塩水，鉄，酸素，塩化ナトリウムを下図のように分類しなさい。

考え方 ●それぞれの物質を混合物と純物質に分類し，次に，純物質を単体と化合物に分類する。
①食塩水は，水に食塩をとかしてできている。2種類の物質が混ざり合っているものなので混合物である。
②純物質を，化学式やモデルで表す。
鉄 → Fe　酸素 → O_2　塩化ナトリウム → NaCl
③化学式やモデルを見て，単体か化合物かを判断する。
FeとO_2は，1種類の元素からできているので単体。
NaClは，NaとClの2種類の元素からできているので化合物。

ガイド③
練習 ⑴アンモニア，空気，アルミニウムを，上図の中に分類しなさい。
⑵これまでに学んだそのほかの物質についても，上図の中に分類しなさい。

深めるラボ　同素体【高校化学へ】
単体の中には，同じ元素からできていても異なる物質が存在する場合があります。そのような物質を同素体といいます。例えば，ダイヤモンドと黒鉛はどちらも炭素Cからできている同素体です。これらは，原子のつながり方が異なるため，元素は同じでも性質が異なり，別の物質であるといえます。ほかにも酸素O_2からできている同素体に，酸素O_2とオゾンO_3などが存在します。

169

ガイド① 分子からできていない物質の表し方

◎1種類の原子でできている物質は，その元素記号で表す。

【例】　金→Au　銀→Ag　銅→Cu　鉄→Fe
硫黄（いおう）→S　炭素→C

◎2種類の原子が交互（こうご）に並（なら）んで結晶（けっしょう）をつくっている物質は，2種類の原子の数の比で表す。

【例】● 塩化ナトリウムは，ナトリウムNaの原子と塩素Clの原子が1：1の割合（わりあい）で並んでいる。→ NaCl

　　　● 塩化銅は，銅Cuの原子と塩素Clの原子が1：2の割合で並んでいる。→ $CuCl_2$

【注】　NaClや$CuCl_2$が分子ではないことに注意。

ガイド② 物質の分類

◎単体
1種類の元素からできている物質を単体という。単体には，分子もあれば，分子でないものもある。

【例】　水素H_2　酸素O_2　塩素Cl_2　ヘリウムHe
硫黄S　金Au　銀Ag　銅Cu　鉄Fe

◎化合物
2種類以上の元素が結合してできている物質を化合物という。化合物には，分子を形づくるものもあれば，分子は形づくらず，一定の規則で並んで結晶になるものなどもある。

【例】　水H_2O　二酸化炭素CO_2　塩化水素HCl
塩化ナトリウムNaCl　塩化銅$CuCl_2$
水酸化ナトリウムNaOH　アンモニアNH_3

テストによく出る❗

🧊 物質の分類
物質を分類すると，次のようになる。

混合物は，2種類以上の純物質が混合したものである。

【混合物の例】
塩化ナトリウム水溶液（すいようえき）（NaClとH_2O），
空気（N_2，O_2など），海水，岩石

ガイド③ 練習

⑴アンモニアは，化学式NH_3で表される純物質なので，化合物である。空気は，窒素（ちっそ），酸素，二酸化炭素などから構成される混合物である。アルミニウムは，化学式Alで表される純物質なので，単体である。

⑵ガイド②の【例】，テストによく出るの【混合物の例】などを参照するとよい。

94

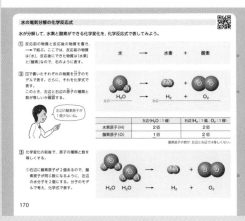

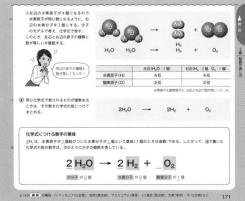

ガイド① 化学反応式のつくり方

化学反応式の係数を合わせるにはいくつかのやり方があるが，状況に応じて使い分けるとよい。

【例1】 水の電気分解の化学反応式

水を電気分解すると，水素と酸素を生じる。

反応前の物質…水 H_2O

反応後の物質…水素 H_2 と酸素 O_2

反応前では，HとOの数の比は2：1であるから，反応後に生じる水素 H_2 と酸素 O_2 の数の比も2：1になるはずである。

そこで，反応後に水素が2分子と酸素が1分子できたとすると，反応後の水素原子の数は4個になるから，反応前の水分子は2個あればよいことがわかる。したがって，化学反応式は，

$$2H_2O \longrightarrow 2H_2 + O_2$$

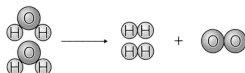

【別法】 $H_2O \longrightarrow \boxed{}H_2 + \boxed{}O_2$

として，$\boxed{}$ に入る係数を求める。

両辺の水素原子Hの数を考えることにより，H_2 の係数が1であることがわかる。

酸素原子Oを考えると，左辺では1個だから，O_2 の係数を $\dfrac{1}{2}$ にすればよいことがわかる。

したがって，$H_2O \longrightarrow H_2 + \dfrac{1}{2}O_2$

係数は整数にするため，式全体を2倍して，

$$2H_2O \longrightarrow 2H_2 + O_2$$

【例2】 メタンの燃焼の化学反応式

メタン CH_4 を燃焼（酸素 O_2 と結びつく化学変化）すると，水 H_2O と二酸化炭素 CO_2 が生じる。

係数を x，y，z として，

$$CH_4 + xO_2 \longrightarrow yH_2O + zCO_2$$

と置く。

両辺の水素原子Hの数に着目すると，

$$2y = 4$$

炭素原子Cに着目すると，

$$z = 1$$

酸素原子Oに着目すると，

$$y + 2z = 2x$$

以上から，$x=2$，$y=2$，$z=1$

したがって，化学反応式は，

$$CH_4 + 2O_2 \longrightarrow 2H_2O + CO_2$$

テストによく出る❗

🔹 **化学反応式** 化学変化を化学式を用いて表したもの。反応前の物質と反応後の物質を化学式で表し，化学変化の前後で，原子の種類と数が等しくなるようにする。

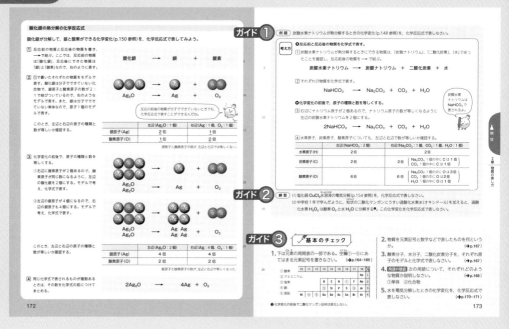

ガイド 1　炭酸水素ナトリウムの熱分解の化学反応式

1　反応前の物質と反応後の物質を書き，─→ で結ぶ。

〈反応前〉炭酸水素ナトリウム ─→

〈反応後〉炭酸ナトリウム＋

　　　　　　二酸化炭素 ＋ 水

2　1を化学式で表す。

〈反応前〉$NaHCO_3$ ─→

〈反応後〉$Na_2CO_3 + CO_2 + H_2O$

3　モデルで表すと

〈反応前〉

 ─→

〈反応後〉

となり，原子の数が合わない。そこで，〈反応前〉に $NaHCO_3$ が2個あった（炭酸水素ナトリウム分子が2個あった）と考えると原子の数が合う。

> 化学反応式をつくるときの原子の数合わせでは，減らさずふやして，反応前と反応後の原子の数が合うようにする。

4　化学反応式は，

$2NaHCO_3 ─→ Na_2CO_3 + CO_2 + H_2O$

ガイド 2　練習

(1) $CuCl_2 ─→ Cu + Cl_2$

(2)反応前と反応後を化学式で表すと，

$H_2O_2 ─→ H_2O + O_2$

化学変化の前後で原子の種類と数を等しくして，

$2H_2O_2 ─→ 2H_2O + O_2$

ガイド 3　基本のチェック

1.　①O　②Al　③Cl　④Cu　⑤Zn

2.　化学式

3.

酸素分子	水分子	二酸化炭素分子
⚪⚪	⚪(H)(H)	⚪C⚪
O_2	H_2O	CO_2

4.

①単体とは，1種類の元素からできている物質のことである。

②化合物とは，2種類以上の元素からできている物質のことである。

5.　$2H_2O ─→ 2H_2 + O_2$

ガイド 1 つながる学び

1 ろうそくを石灰水の入った集気びんの中で燃やすと，びんの中がくもることから，水ができていることがわかる。また，石灰水が白くにごることから，二酸化炭素ができていることがわかる。

2 酸素には，ものを燃やすはたらきがある。例えば，酸素が入った試験管に火のついた線香を入れると，線香は激しく燃える。

ガイド 2 物質どうしが結びつく変化

教科書 p.146 実験 1 では，炭酸水素ナトリウム $NaHCO_3$ を加熱したときの変化について調べた。実験の結果，炭酸水素ナトリウムを加熱すると炭酸ナトリウム Na_2CO_3，水 H_2O，二酸化炭素 CO_2 に分解(熱分解)することがわかった。同様に酸化銀 Ag_2O を加熱すると，酸化銀は銀 Ag と酸素 O_2 に分解された。

また，教科書 p.153 実験 2 では，水 H_2O に電流を流したときの変化について調べた。実験の結果，水に電流を流すと水素 H_2 と酸素 O_2 に分解(電気分解)することがわかった。同様に，塩化銅水溶液に電流を流すと，塩化銅 $CuCl_2$ は銅 Cu と塩素 Cl_2 に分解された。

一方で，中学校 1 年では，水素を入れた試験管の口に火を近づけると，音を立てて燃えて水ができることを学んだ。このことから，水が水素と酸素に分解される化学変化(化学反応)とは反対に，水素と酸素から水ができる化学変化も存在すると考えられる。これが，物質どうしが結びつく変化である。

このことは，教科書 p.175 図 33 でも確かめられる。水素と酸素の混合気体に点火した場合，反応後に塩化コバルト紙は青色から赤色へと変化する(水ができる)。しかし，水素だけに点火した場合，塩化コバルト紙は青色のままである(水はできない)。よって，水素と酸素の両方があることではじめて，化学変化を起こして水ができることがわかる。

ガイド 3 考えてみよう

水素 ＋ 酸素 ⟶ 　水

 ＋ ⟶

$2H_2$ ＋ O_2 ⟶ $2H_2O$

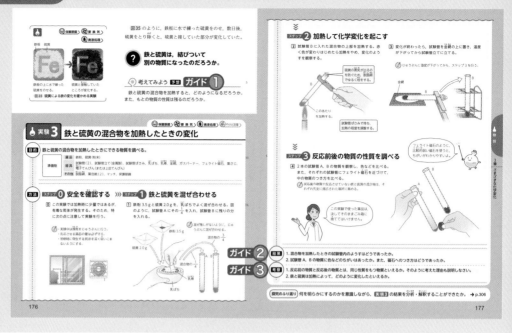

ガイド 1　考えてみよう

教科書 p.176 図 35 のように，鉄と硫黄を接触（いおう せっしょく）させておくと，接触していた部分には，その色から判断して，鉄とも硫黄とも異なる物質が生じる。これは鉄と硫黄が結びついて新たにできた物質であると考えられる。このことから，鉄と硫黄を加熱すると，鉄と硫黄が結びついて別の物質ができると考えられる。

水素と酸素が結びついてできる水は，水素とも酸素ともちがう性質をもっている。このことから鉄と硫黄が結びついてできる物質は，鉄とも硫黄ともちがう性質をもつと考えられる。

ガイド 2　結果

1. 試験管Bに入れた鉄粉と硫黄の混合物の上部を加熱すると，やがて一部が赤熱状態になった。ガスバーナーの火を止めても，赤熱（はんい）の範囲は広がり，やがて全体が赤熱状態になった。
2. 試験管Bに入れた鉄粉と硫黄の混合物は，黒い物質へと変化した。また，試験管Aにフェライト磁石（じしゃく）を近づけると，フェライト磁石は試験管についたが，試験管Bにフェライト磁石を近づけても，フェライト磁石は試験管につかなかった。

ガイド 3　考察

1. 反応後の物質は，反応前の物質と同じ性質をもたない。反応前の物質は磁石に引きつけられたが，反応後の物質は磁石に引きつけられなかったからである。
2. 鉄と硫黄は加熱によって，鉄とも硫黄とも異なる物質（硫化鉄）（りゅう か てつ）に変化した。

解説　硫化水素

鉄と硫黄を加熱してできた黒い物質（硫化鉄）FeS が塩酸 HCl と反応すると硫化水素 H_2S が発生する。

硫化水素が発生するまでの化学反応式は，次のようになる。

$$Fe + S \longrightarrow FeS$$

$$FeS + 2HCl \longrightarrow FeCl_2 + H_2S$$

硫化水素は有害な気体である。大量に吸いこまないように，手であおいで，においをかぐようにする。

98

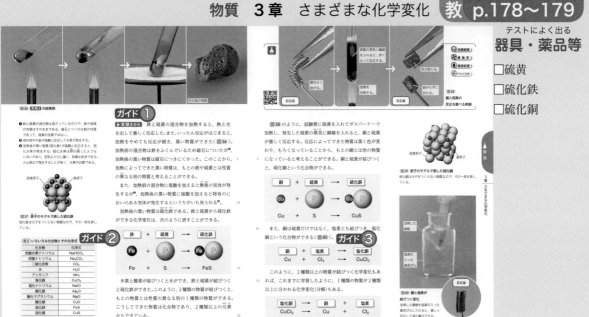

ガイド1 実験3の化学変化

鉄と硫黄が結びついて硫化鉄になる反応をモデルと化学反応式で表すと、次のようになる。

鉄　＋　硫黄　⟶　硫化鉄

$Fe + S \longrightarrow FeS$

また、硫化鉄にうすい塩酸を加えたときの反応をモデルと化学反応式で表すと、次のようになる。

硫化鉄　＋　塩酸　⟶　塩化鉄　＋　硫化水素

$FeS + 2HCl \longrightarrow FeCl_2 + H_2S$

硫化水素は卵の腐ったようなにおい（腐卵臭）がする無色の気体である。火山などで発生することが多く、温泉地や火山地帯で感じられる独特のにおいは、この硫化水素が原因である。硫化水素は有毒な気体であるため、実験中は窓をあけて換気する必要がある。また、においをかぐときは、発生した気体を直接吸いこむのではなく、手であおぐようにしてかぐ。

ガイド2 いろいろな化合物とその化学式

化合物を覚えるときには、その化合物が何の元素と結びついているのかに注目するとよい。

◎酸素と結びついてできる化合物

二酸化炭素	CO_2	水	H_2O
酸化銀	Ag_2O	酸化銅	CuO
酸化マグネシウム	MgO		

◎塩素と結びついてできる化合物

| 塩化銅 | $CuCl_2$ |
| 塩化ナトリウム | $NaCl$ |

◎硫黄と結びついてできる化合物

| 硫化鉄 | FeS |
| 硫化銅 | CuS |

ガイド3 塩化銅の化学変化

銅と塩素が結びつくと塩化銅という化合物ができる。塩化銅は、教科書 p.179 図40 にあるように、加熱した銅線を塩素の入った集気びんに入れることでできる。

一方で、教科書 p.154 で学習したように、塩化銅を銅と塩素に分解することもできる。塩化銅を水にとかすと青色の塩化銅水溶液ができる。この水溶液を電気分解すると、陽極側には塩素が、陰極側には銅が発生する。

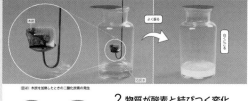

テストによく出る
重要用語等

□酸化
□酸化物

テストによく出る
器具・薬品等

□酸化銅

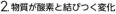

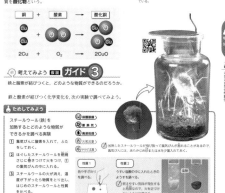

ガイド 1　思い出してみよう

　小学校6年で，ものが燃えるときには，酸素が必要であることを学んだ。

ガイド 2　学習の課題

　銅の粉末を加熱すると，銅が空気中の酸素と結びついて，酸化銅となる。このとき，酸化銅の質量はもとの銅より増加する。この増加した質量は，銅と結びついた酸素の質量である。

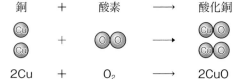

銅　　＋　　酸素　　⟶　　酸化銅

$$2Cu + O_2 \longrightarrow 2CuO$$

　マグネシウムを加熱すると，マグネシウムが空気中の酸素と結びついて，酸化マグネシウムになる。このとき，酸化マグネシウムの質量はもとのマグネシウムより増加する。この増加した質量は，マグネシウムと結びついた酸素の質量である。

マグネシウム　＋　　酸素　　⟶　　酸化マグネシウム

$$2Mg + O_2 \longrightarrow 2MgO$$

テストによく出る

🔶 **酸化・酸化物**　物質が酸素と結びつくことを酸化といい，できた物質を酸化物という。銅の酸化物は酸化銅である。多くの金属は「さびる」という現象を起こす。「さびる」とは，空気中の酸素とゆっくり結びついていくことであり，酸化の1つである。金属を加熱すると酸素と結びつく。温度を高くし，空気と接する面積を大きくすると反応しやすくなる。例えば，銅の粉末をステンレス皿に入れてガスバーナーで加熱すると，銅は空気中の酸素と結びついて，黒色の酸化銅になる。

ガイド 3　考えてみよう

　鉄と酸素が結びつく化学変化は，次のようになる。

鉄　　＋　　酸素　　⟶　　酸化鉄

　できた物質は酸化鉄で，もとの鉄の性質とは異なり，塩酸に入れても気体が発生せず，電気も通さない。

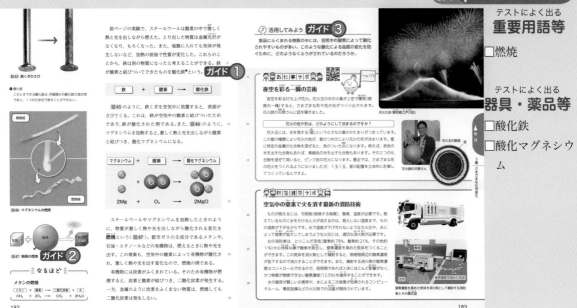

ガイド① 酸化鉄

鉄を空気中で加熱したときの化学変化は，次のようになる。

鉄　＋　酸素　⟶　酸化鉄

鉄や酸化鉄を塩酸に入れたときの化学反応式は次のようになる。

鉄　＋　塩酸　⟶　塩化鉄　＋　水素

$Fe + 2HCl \longrightarrow FeCl_2 + H_2$

酸化鉄　＋　塩酸　⟶　塩化鉄　＋　水

$FeO + 2HCl \longrightarrow FeCl_2 + H_2O$

このように，鉄は塩酸に入れると，気体（水素）を発生するが，酸化鉄を塩酸に入れても，気体は発生しない。

ガイド② 物質の燃焼

物質が激しく熱や光を出しながら酸素と結びつく化学変化を燃焼という。マグネシウムを空気中で燃やすと，教科書 p.182 図46 にあるように，燃焼して酸化マグネシウムになる。一方で，教科書 p.182 図45 にある鉄くぎの変化では，鉄は酸素と結びついてはいるが，激しく熱や光を出してはいない。よって，この化学変化は燃焼とはいえない。

ガイド③ 活用してみよう

食品が酸化すると，味が落ちたり，人体に害をおよぼしたりする。そのため，食品の酸化を防ぐさまざまなくふうが行われている。

食品の酸化は空気中の酸素と接触することで起こる。したがって，食品の酸化を防ぐには，食品の容器から空気をぬけばよいことになる。この方法によるものとしては，びん詰，缶詰，真空パックなどがある。真空パックにすると中身がつぶれて粉々になってしまうポテトチップスなどは，容器の袋の中に窒素を封入して酸化を防いでいる。

中学校1年で学習したように，窒素は常温では他の物質と結びつくことはない。窒素の封入は，この性質を利用している。

また，酸化防止剤を用いて食品の酸化を防いでいる場合もある。例えば，緑茶などのペットボトルにはビタミンCが入っていることがある。ここでは，ビタミンCが酸化防止剤の役割を果たす。酸化防止剤は，食品の代わりに，それ自身が酸素と結びつくことで，食品が酸化するのを防ぐはたらきがある。

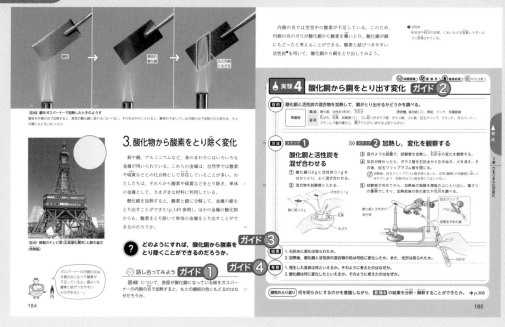

ガイド ① 話し合ってみよう

　表面が酸化銅（CuO）になった銅板を，ガスバーナーの内側の炎に入れると，炎の中にふくまれる一酸化炭素（CO）などが燃焼するときに酸化銅の酸素を奪うために，酸化銅は酸素をとり除かれ，もとの銅にもどる。これを化学反応式で表すと次のようになる。

$$酸化銅 ＋ 一酸化炭素 \longrightarrow 銅 ＋ 二酸化炭素$$
$$CuO ＋ CO \longrightarrow Cu ＋ CO_2$$

還元

ガイド ② 酸化銅から銅をとり出す変化

◎実験での注意点

- ガラス管を必ず石灰水の中に入れておく。
  二酸化炭素の発生が終了したかどうかのめやすになるため。

- 気体の発生が終わったら，石灰水中に入っているガラス管を引きぬいてから火を止める。
  石灰水の逆流による試験管の割れ防止のため。

- 火を消した後，すばやくゴム管を目玉クリップで閉じる。
  空気（酸素）が試験管に吸いこまれ，還元された銅が再び酸化してしまうから。

◎実験結果を化学反応式で表すと

　酸化銅（CuO）に活性炭を加えて加熱すると，活性炭は炭素（C）なので，二酸化炭素（CO_2）が発生し，銅（Cu）ができる。これを化学反応式にすると，次のようになる。

$$酸化銅 ＋ 炭素 \longrightarrow 銅 ＋ 二酸化炭素$$
$$2CuO ＋ C \longrightarrow 2Cu ＋ CO_2$$

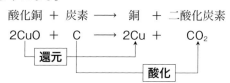

還元　酸化

ガイド ③ 結果

1. 石灰水は白くにごった。
2. 混合物は赤色に変化した。また，赤色の物質には，金属光沢がみられた。

ガイド ④ 考察

1. 発生した気体は二酸化炭素である。なぜなら，二酸化炭素には石灰水を白くにごらせる性質があるからである。

2. 酸化銅は銅に変化したといえる。活性炭は酸素と結びついて二酸化炭素に変化したといえるが，この酸素は，酸化銅中の酸素を奪いとったものであり，酸化銅はもとの銅にもどったと考えられる。

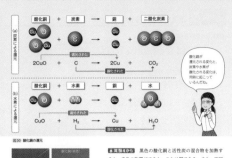

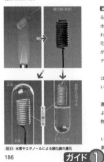

テストによく出る 🔍

🔶 **還元**　酸化物から酸素をとり除く化学変化を還元という。

🔶 **酸化銅に炭素を加えて加熱したときの反応**

酸化銅 ＋ 炭素 ⟶ 銅 ＋ 二酸化炭素

$2CuO + C \longrightarrow 2Cu + CO_2$

還元 ／ 酸化

🔶 **酸化銅に水素を加えて加熱したときの反応**

酸化銅 ＋ 水素 ⟶ 銅 ＋ 水

$CuO + H_2 \longrightarrow Cu + H_2O$

還元 ／ 酸化

ガイド 1 エタノールによる酸化銅の還元

銅の針金を加熱して酸化銅にしたものを、再び加熱してエタノールに近づけると、もとの銅にもどる。この反応は、エタノールによる還元である。これを化学反応式で表すと、次のようになる(エタノールの化学式は C_2H_5OH)。

酸化銅 ＋ エタノール ⟶ 銅 ＋ アセトアルデヒド ＋ 水

$CuO + C_2H_5OH \longrightarrow Cu + CH_3CHO + H_2O$

ガイド 2 ためしてみよう

ろうそくの火を二酸化炭素の中に入れると、火は消える。しかし、燃えているマグネシウムは、二酸化炭素の中に入れても燃え続け、集気びんの中には黒い炭素が残る。マグネシウムの燃焼は激しいので、二酸化炭素から酸素を奪ってしまうのである。これを化学反応式にすると、

マグネシウム ＋ 二酸化炭素 ⟶ 酸化マグネシウム ＋ 炭素

$2Mg + CO_2 \longrightarrow 2MgO + C$

酸化 ／ 還元

ガイド 3 深めるラボ

金属の酸化物をふくむ鉱石を還元して、金属をとり出すことを製錬という。くじゃく石(マラカイト)と木炭を混ぜて加熱すると、銅がとり出せる。これは、炭素による酸化銅の還元である。

また、赤鉄鉱や磁鉄鉱は、木炭や石炭とともに高温で加熱すると、鉄がとり出せる。これは、炭素による酸化鉄の還元である。現在では、1500 ℃以上になる高炉で鉄が製錬されている。

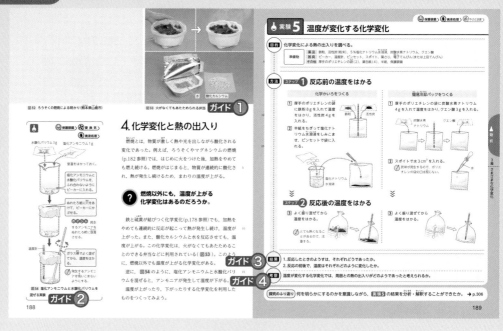

ガイド 1 　温度が上がる化学変化

　教科書 p.182 図46 にあるように，マグネシウムを空気中で燃やすと，マグネシウムは激しく熱や光を出しながら酸素と結びつく。このように，物質が激しく光や熱を出しながら酸素と結びつく化学変化を燃焼という。

ガイド 2 　温度が下がる化学変化

　教科書 p.176 実験3にある，鉄と硫黄の混合物を加熱して硫化鉄ができる反応では，真っ赤になるほど温度が上がり，加熱するのをやめても反応が続いた。この実験は，酸素が使われていないので，燃焼とはいえないが，確かに熱が発生している。

　しかし，教科書 p.188 図54 の実験のように，温度が下がる化学変化もある。この実験では，

水酸化バリウム　＋　塩化アンモニウム
$$Ba(OH)_2 \quad + \quad 2NH_4Cl$$
$$\longrightarrow 塩化バリウム ＋ アンモニア ＋ 水$$
$$\longrightarrow BaCl_2 \quad + 2NH_3 \quad + 2H_2O$$

という化学変化が起こる。このとき，アンモニアが発生して，ビーカーの中の温度は急激に下がる。この化学反応によって，まわりの熱が吸収されたためである。

ガイド 3 　結果

1. 化学かいろ：袋があたたかくなっていた。
　簡易冷却パック：気体が発生し，冷たくなった。
2. 化学かいろ：温度が上がった。
　簡易冷却パック：温度が下がった。

ガイド 4 　考察

　化学かいろの実験では，鉄粉が酸化するときに熱が発生したと考えられる。

　簡易冷却パックの実験では，炭酸水素ナトリウムがクエン酸と反応するときに，二酸化炭素が発生した。このときまわりの熱が吸収されて，温度が下がったと考えられる。

解説 発熱反応，吸熱反応

　化学かいろに入れる活性炭は，表面に細かい穴が無数にあり，空気を多くふくんでいる。また，食塩や水は，鉄粉の酸化を速めるはたらきをする。鉄が酸化するとき，発熱反応が起こる。

　炭酸水素ナトリウムとクエン酸を反応させると，クエン酸三ナトリウムと二酸化炭素と水になる。二酸化炭素が発生するとき，吸熱反応が起こる。

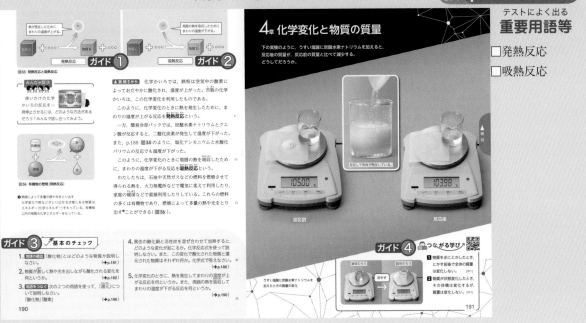

ガイド 1 　発熱反応

化学変化の際に，熱の発生をともない，まわりの温度が上がる反応を発熱反応という。

燃焼（ねんしょう）以外の発熱反応には，次のようなものがある。

鉄（てつ）と硫黄（いおう）の反応	Fe + S ⟶ FeS（＋熱）
生石灰（せいせっかい）（酸化カルシウム）と水の反応	CaO + H₂O ⟶ Ca(OH)₂（＋熱）

$$\text{Fe} + \text{S} \longrightarrow \text{FeS}（＋熱）$$

$$\text{CaO} + \text{H}_2\text{O} \longrightarrow \text{Ca(OH)}_2（＋熱）$$

ガイド 2 　吸熱反応（きゅうねつ）

化学変化の際に，まわりの熱を吸収したため，まわりの，温度が下がる反応を吸熱反応という。

吸熱反応には，次のようなものがある。

水酸化バリウムと塩化アンモニウムの反応	$\text{Ba(OH)}_2 + 2\text{NH}_4\text{Cl}$ ⟶ $\text{BaCl}_2 + 2\text{NH}_3 + 2\text{H}_2\text{O}$（－熱）
炭酸水素ナトリウムとクエン酸の反応	$3\text{NaHCO}_3 + \text{C}_6\text{H}_8\text{O}_7$ ⟶ $\text{Na}_3\text{C}_6\text{H}_5\text{O}_7 + 3\text{CO}_2$ $+ 3\text{H}_2\text{O}$（－熱）

ガイド 3 　基本のチェック

1. （例）二酸化炭素や酸化銅のように，酸素が結びついてできた物質。

2. 燃焼

3. （例）酸化物から酸素をとり除く（のぞ）化学変化のこと。

4. （例）酸化銅と活性炭の混合物を加熱すると，銅と二酸化炭素ができる。このとき，炭素は酸化され，酸化銅は還元（かんげん）されたといえる。

$$\underset{\text{酸化された}}{\overset{\text{還元された}}{2\text{CuO} + \text{C} \longrightarrow 2\text{Cu} + \text{CO}_2}}$$

酸化された物質：C

還元された物質：CuO

5. 温度が上がる：発熱反応

　温度が下がる：吸熱反応

ガイド 4 　つながる学び

①溶質（ようしつ）は質量をもっているので，とけて見えなくなっても，全体の質量は変化しない。

②物質は，温度によって固体→液体→気体と状態変化し，その変化にともない体積が変化するが，質量は変化しない。

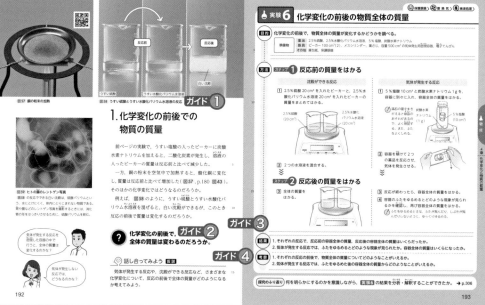

ガイド 1　硫酸と水酸化バリウム水溶液の反応

硫酸 H_2SO_4 は，金属やその化合物をとかす力がきわめて強い水溶液で，強い酸性を示す。水酸化バリウム $Ba(OH)_2$ の水溶液は，強いアルカリ性の水溶液である。また，有毒なのであつかいには注意すること。

うすい硫酸と水酸化バリウム水溶液の反応を化学反応式で表すと，次のようになる。

水酸化バリウム ＋ 硫酸 ⟶ 硫酸バリウム ＋ 水

$$Ba(OH)_2 + H_2SO_4 \longrightarrow BaSO_4 + 2H_2O$$

このとき，沈殿(底にしずんでたまること)する白い物質は硫酸バリウムである。この物質は非常に水にとけにくく，体に吸収されないので，胃や腸のレントゲン撮影の際に造影剤として用いられる。

ガイド 2　学習の課題

教科書 p.191 の写真のように，うすい塩酸に炭酸水素ナトリウムを加えると，二酸化炭素が発生し，質量は減少した。これは，発生した二酸化炭素が空気中に出ていったので，その分だけ，質量が減ったからである。また，教科書 p.180 図43 では，銅を空気中で加熱すると酸化銅に変化し，質量が増加した。これは，空気中の酸素が銅と結びついたため，質量が増加したのである。

しかし，2つの化学変化とも，教科書 p.193 実験6 教科書 p.194 の図60 のように，密閉容器内で行えば，化学変化の前後で全体の質量は変わらない。

ガイド 3　結果

1.　(例)沈殿ができる反応：$64.5\,\mathrm{g} \rightarrow 64.5\,\mathrm{g}$
　　気体が発生する反応：$65.5\,\mathrm{g} \rightarrow 65.5\,\mathrm{g}$
2.　(例)「シュッ」と音がして，気体がぬけた。その後の容器全体の質量は，$65.2\,\mathrm{g}$ になった。

ガイド 4　考察

1.　反応の前後で，物質全体の質量は変化しない。
2.　容器の中の気体が空気中に出ていき，その分だけ容器全体の質量が減った。

　　炭酸水素ナトリウムと塩酸による気体が発生する反応を化学反応式で表すと，次のようになる。

$$NaHCO_3 + HCl \longrightarrow NaCl + H_2O + CO_2$$

　　生成物には，気体の二酸化炭素 CO_2 がふくまれている。

　　この二酸化炭素が容器の中に閉じこめられているときは，反応の前後で質量は変わらないが，ふたをゆるめた後，全体の質量が減ったのは，容器中の気体の一部が空気中に出ていったためである。

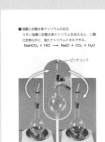

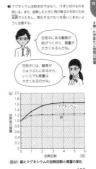

テストによく出る
重要用語等

□質量保存の法則

ガイド 1　密閉容器内の銅の加熱実験

銅 Cu の粉末を加熱すると，容器内の酸素によって酸化され，酸化銅 CuO になる。これを化学反応式で表すと，次のようになる。

$$2Cu + O_2 \longrightarrow 2CuO$$

教科書 p.180 図43 の実験結果に見られるように，加熱後には銅の質量が増加した。増加したのは上の化学反応式からわかるように，銅と結びついた酸素の質量の分である。

銅を密閉容器に入れて加熱実験を行うと，銅は酸化されて酸化銅になるが，容器をふくめた全体の質量は，加熱の前後で変わらない。これは，密閉容器内の酸素が使われたためである。密閉容器では，容器の外の物質のやりとりがないので，容器内でどのような化学変化が起こっても，容器をふくめた全体の質量は変化しないのである。

いっぱんに，反応の前後で，その反応に関係した物質全体の質量は変わらない。これを質量保存の法則という。つまるところ，何もないところから物質は生まれないし，また，物質が消えてしまうこともないということである。

化学反応式で，左辺の原子の種類と数が右辺の原子の種類と数に等しいのは，質量保存の法則が成り立つからである。

ガイド 2　考えてみよう

空気中で加熱すると，銅 Cu は酸化銅 CuO に，マグネシウム Mg は酸化マグネシウム MgO に酸化するが，一定量の銅やマグネシウムと結びつく酸素の質量は決まっている。そのため，すべてのマグネシウム酸化が終了しないうちは，加熱する回数をふやすごとに質量はふえていく。しかし，ある程度加熱して酸化反応が終わると，それ以上質量は変化しなくなる。

銅やマグネシウムの酸化反応でも，質量保存の法則が成り立ち，化学反応式の両辺の原子の種類と数は等しい。

◎銅の酸化

◎マグネシウムの酸化

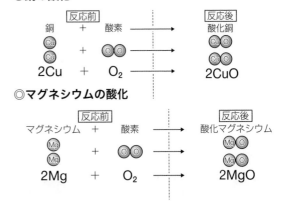

物質

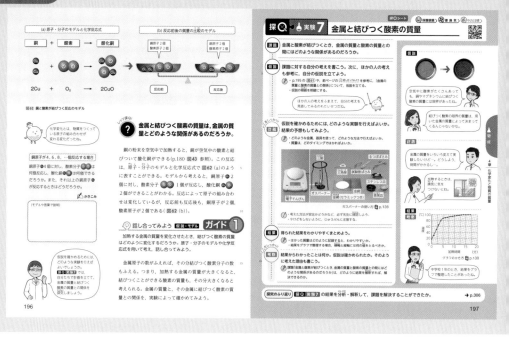

ガイド 1 話し合ってみよう

　銅を空気中で加熱すると酸素と結びつき，酸化銅ができる。この化学変化は，

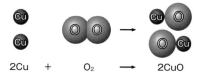

と表すことができる。このとき，反応前も反応後も，酸素原子は2個，銅原子も2個でそれぞれの原子の個数が変化していないことが重要である(原子の性質)。反応の前後で，原子の種類とその個数が変化することはないので，その質量も変わることはない(質量保存の法則)。

(例)銅原子が4個反応する場合

　上のモデルでは，銅原子2個に対して，酸素分子1個が反応して酸化銅は2個できた。銅原子4個が反応する場合，原子の性質から，できた酸化銅にふくまれる銅原子も4個になると考えられる。また，酸化銅4個分には酸素原子は4個ふくまれるから，反応した酸素分子は2個であると考えられる。これを，原子・分子のモデルで表すと次のようになる。

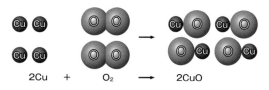

　このとき，化学反応式は銅原子が2個の場合と変わらない。なぜなら，反応する銅原子の個数が変わっても，反応に関係する物質の種類やその割合は変わらず，この化学反応式で表すことができるからである。

　また，銅原子が6個，8個，…，あるいは何万個反応する場合も，銅原子が2個反応する場合と同じであると考えることでできる。反応した銅原子の個数に応じて，反応する酸素分子の個数が決まり，できる酸化銅の個数が決定する。その割合は，化学反応式が示しているように，銅原子が2個に対して，酸素分子1個，酸化銅2個というようになっている。したがって，質量の割合は変わらないと考えられる。

解説 原子の性質

①原子は，化学変化でそれ以上分けることができない。

②原子は，化学変化で新しくできたり，種類が変わったり，なくなったりしない。

③原子は，種類によって，その質量や大きさが決まっている。

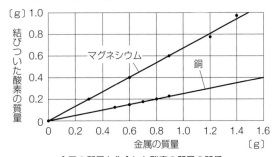

ガイド ① 計画

　銅の酸化の実験でもマグネシウムの酸化の実験でも，やけどに注意する。また，質量を精密に調べる実験なので，粉末をこぼさないようにする。さらに，マグネシウムの酸化の場合，けむりが発生するが，このけむりは湿気(水分)をふくむと強いアルカリ性になるので，吸いこんだり，目に入ったりすることのないようにする。加熱後の粉末がついたままの手で目をこすることは絶対しないようにする。

ガイド ② 結果(例)

1.　表作成の例

● 銅の粉末を加熱したとき

班	1	3	5	7	9
銅の質量〔g〕	0.50	0.60	0.70	0.80	0.90
酸化銅の質量〔g〕	0.62	0.74	0.87	0.99	1.12
結びついた酸素の質量〔g〕	0.12	0.14	0.17	0.19	0.22

● マグネシウムを加熱したとき

班	2	4	6	8	10
マグネシウムの質量〔g〕	0.30	0.60	0.90	1.20	1.50
酸化マグネシウムの質量〔g〕	0.50	1.00	1.49	1.98	2.48
結びついた酸素の質量〔g〕	0.20	0.40	0.59	0.78	0.98

2.　グラフ作成の例

金属の質量と化合した酸素の質量の関係

ガイド ③ 考察(例)

1.　金属の質量と結びついた酸素の質量との間には比例するという関係がある。

2.　銅もマグネシウムも，金属の質量と結びついた酸素の質量との関係を表すグラフは，原点を通る直線になっているから。

解説 比例関係

　銅やマグネシウムなどの金属を空気中で加熱すると，質量がふえるのは，空気中の酸素と結びついて酸化物になるからである。質量保存の法則から，もとの金属からふえた質量分が，結びついた酸素の質量である。横軸に金属の質量をとり，縦軸に結びついた酸素の質量をとったグラフが原点を通る直線であれば，比例関係にあるといえる。

ガイド 1　考えてみよう

　教科書 p.200 図64 のグラフの直線をもとに，加熱後の酸化マグネシウムの質量から，加熱前のマグネシウムの質量を引いて，結びついた酸素の質量を表にしてみる。

酸化マグネシウムの質量〔g〕	0.50	1.00	1.49	1.98	2.48
マグネシウムの質量〔g〕	0.30	0.60	0.90	1.20	1.50
結びついた酸素の質量〔g〕	0.20	0.40	0.59	0.78	0.98

マグネシウムの質量と化合した酸素の質量の比は，つねに約3：2となっていることがわかる。

ガイド 2　活用してみよう

　教科書 p.197 実験7 で，金属の質量と，結びつく酸素の質量には比例の関係があることがわかった。

　反応する銅と酸素の質量の比は，銅：酸素＝4：1，反応するマグネシウムと酸素の質量の比は，マグネシウム：酸素＝3：2 である。

　このような質量の比が成り立つのだから，1.00 g の酸化銅では銅と酸素の質量の比が4：1であり，このときの酸化銅の質量の比は 4＋1＝5 となる。このことから銅を x〔g〕とすると，x：1.00＝4：5 より，x＝0.80 g である。
酸素を y〔g〕とすると，0.80：y＝4：1 より，y＝0.20 g である。

ガイド 3　プルースト

　1754 年にフランスで生まれた科学者。1794 年にスペインの化学研究所でブドウ糖の研究を発表し，1799 年，化合物をつくっている成分の質量の比が一定であるという法則を発見した。当時は，化合物と混合物のちがいがはっきり区別されておらず，化学界の権威だったフランス人科学者のベルトレが，「化合物の成分比は，産地や反応時の状態によって変わる」と唱えていた。

　このため，プルーストは，金属の酸化物に関する実験を正確に行って，化合物の成分の質量の比がつねに一定であることを示した。

ガイド 4　基本のチェック

1. 　（例）化学変化（化学反応）の前後で，その反応に関係している物質全体の質量が変わらないこと。

2. 　「できた酸化銅の質量〔g〕－もとの銅の粉末の質量〔g〕」の値は，結びついた酸素の質量を表す。

3. 　「マグネシウムの質量〔g〕：酸化マグネシウムの質量〔g〕」が約3：5になるので，たとえば，マグネシウム3 g に対して酸化マグネシウムは5 g できることになる。このとき，結びついた酸素の質量は 5 g－3 g＝2 g なので，「マグネシウムの質量〔g〕：結びついた酸素の質量〔g〕」は3 g：2 g，すなわち3：2になる。

① 下図のような装置で，炭酸水素ナトリウムを加熱する実験を行った。加熱を終えた後の健太さんと里香さんの会話文を読んで，次の問いに答えなさい。

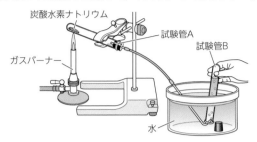

炭酸水素ナトリウム
試験管A
試験管B
ガスバーナー
水

健　太：加熱をはじめるとすぐに気体が発生したから，①水上置換法で３本の試験管Bに集めてみたよ。

里　香：その気体が何か調べたいね。②線香や石灰水を使って調べてみよう。

健　太：加熱した試験管Aの口付近に，何か液体の物質がついているようだけど…。

里　香：水かなあ。③塩化コバルト紙で確認してみよう。……赤色に変化したね。やっぱり水だったようだね。

健　太：本当だ。ところで，④加熱する試験管Aの口を下げておくのを忘れなくてよかった。

里　香：実験をするときには，⑤操作上の注意点をしっかり把握することがたいせつだね。

健　太：この後も注意しながら，実験を続けていこう！

【解答・解説】

(1)　(例)最初の１本には，試験管Aにあった空気がふくまれているため。

(2)　二酸化炭素

試験管Bに火のついた線香を入れると，線香は消えてしまった。また，石灰水を入れてよく振ると，石灰水は白くにごった。このことから，試験管Bには二酸化炭素がふくまれているとわかる。

【発生する気体の性質を確かめる方法】

二酸化炭素	石灰水が白くにごる
水素	マッチの火を近づけると気体が音を立てて燃える
酸素	火のついた線香を入れると線香が激しく燃える。

(3)　青色

塩化コバルト紙は，水に反応すると，青色から赤色に変化する。

(4)　(例)生じた液体(水)が加熱部分に流れて，試験管Aが割れないようにするため。

炭酸水素ナトリウムを加熱する実験では，熱分解で水が生成する。これが加熱部分に流れこむと試験管が割れるおそれがある。

(5)　操作…(例)ガスバーナーの火を消す前に，ガラス管から水をぬいておく。

理由…(例)試験管Aに水が逆流しないようにするため。

火を消すと試験管Aの温度が下がり，中の気体の体積が小さくなって水が逆流する。

―――――――――――――――――――――

２人は，この後も注意しながら実験を進めた。

健　太：試験管に残っている白い固体の物質は何だろう。見た目では，はじめに用意した炭酸水素ナトリウムとあまり変わらないようだけど。

里　香：何かちがう性質があるか，加熱前の炭酸水素ナトリウムの粉末と比べてみるといいんじゃないかな。

２人は先生から，加熱前後の物質の性質を比べる方法について助言を受け，次のものを準備した。

準備

- 加熱前の炭酸水素ナトリウムの粉末(「M」とする)
- 試験管に残った白い固体の物質(「N」とする)
- 水(蒸留水)　　・フェノールフタレイン溶液
- スポイト　　　・試験管２本

【解答・解説】

(6)　(例)水を加えてよく振ると，Mはあまりとけず，Nはよくとけた。

ここで，Mは炭酸水素ナトリウムであり，Nは炭酸ナトリウムである。炭酸水素ナトリウムと炭酸ナトリウムは次の表のように，異なる性質をもつ。

【炭酸水素ナトリウムと炭酸ナトリウムの性質】

炭酸水素ナトリウム	炭酸ナトリウム
$NaHCO_3$	Na_2CO_3
水にはあまりとけない	水によくとける
フェノールフタレイン溶液を加えると，淡い赤色になる。	フェノールフタレイン溶液を加えると，濃い赤色になる。

物質

(7)　a…淡い　b…濃い　c…強い

　フェノールフタレイン溶液は，物質がアルカリ性であるかを区別するのに用いられる。また，淡い赤色よりも，濃い赤色になったほうが，アルカリ性が強いことを表している。

───────────────

先　生：試験管Aに残った物質は，炭酸ナトリウムという物質です。炭酸水素ナトリウムを加熱すると3つの物質に変化することが確認⑥できましたね。なお，炭酸水素ナトリウムは重そうともいいます。

健　太：重そうは，おばあちゃんが台所の掃除で使っているのを見たことがあるよ。

里　香：わたしは菓子づくりが好きだけど，パンケーキをつくるときに加えるあの重そうが炭⑦酸水素ナトリウムだったのか。

【解答・解説】───────────────

(8)　2NaHCO₃ ⟶ Na₂CO₃ + CO₂ + H₂O

$$2NaHCO_3 \longrightarrow Na_2CO_3 + CO_2 + H_2O$$

【化学反応式の表し方】

　化学変化を化学式で表したものが化学反応式である。化学反応式は次の手順でつくる。

①反応前と反応後の物質を式に表す。

　炭酸水素ナトリウム

　⟶ 炭酸ナトリウム＋二酸化炭素＋水

②それぞれの物質を化学式で表す。

　$NaHCO_3 \longrightarrow Na_2CO_3 + CO_2 + H_2O$

③化学変化の前後（式の左辺と右辺）で，原子の種類と数が等しくなるよう係数を考える。

　$2NaHCO_3 \longrightarrow Na_2CO_3 + CO_2 + H_2O$

(9)　(例)パンケーキがふくらまない。

　炭酸水素ナトリウムは，重そうとして，料理やお菓子づくりなどで用いられている。パンケーキの生地を焼くと，炭酸水素ナトリウムが加熱され二酸化炭素が発生する。これにより生地に気泡ができ，パンケーキはふくらむ。よって，重そう（炭酸水素ナトリウム）を生地に加えなければ，パンケーキがふくらまない。

2 図1のように，鉄粉と硫黄の粉末の混合物を試験管に入れて加熱し，生成した物質の性質を調べた。

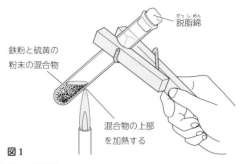

脱脂綿
鉄粉と硫黄の粉末の混合物
混合物の上部を加熱する
図1

【解答・解説】───────────────

(1)　(例)加熱をやめても激しく熱が出て，その熱によって反応が最後まで続いた。

　鉄粉と硫黄の粉末の混合物を加熱すると，熱と光を出して激しく反応し始めその反応熱で反応が続く。

(2)　(例)磁石につきにくかった。

　加熱後にできた物質は，磁石につきにくかった。このことから，加熱によってできた黒い物質はもとの鉄と硫黄の混合物とは性質の異なる別の物質であるといえる。

フェライト磁石
図2

(3)　硫化鉄

　この物質は，硫化鉄（FeS）である。

(4)　加熱前の混合物…無臭の気体が発生する。

　加熱後の物質…特有のにおいのある気体が発生する。

　加熱前の混合物では，鉄とうすい塩酸が反応して水素 H₂ が発生する。一方で，加熱後の物質では，硫化鉄がうすい塩酸と反応して硫化水素 H₂S が発生する。硫化水素は卵の腐ったようなにおいがあり，空気より少し重く，有毒な気体である。

③下図のア～エは，それぞれの原子をモデルで表したものである。次の問いに答えなさい。

ア　水素原子　　　　イ　炭素原子

ウ　酸素原子　　　　エ　銅原子

【解答・解説】

すべての物質は，目に見えないきわめて小さい粒子がたくさん集まってできている。この粒子を原子という。原子には，次のような性質がある。

①原子は，化学変化でそれ以上分けることができない。

②原子は，化学変化で新しくできたり，種類が変わったり，なくなったりしない。

③原子は，種類によって，その質量や大きさが決まっている。

また，原子が結びついてできる，物質の性質を示す最小の粒子を分子という。分子は，結びついている原子の種類と数によってその性質が変わる。分子の種類には，酸素分子，水分子，水素分子，二酸化炭素分子などがある。

物質の中には，分子をつくらないものもある。たとえば，銅や炭素は，1種類の原子がたくさん集まってできていて，分子を構成しない。

(1)　ア，ウ

アの水素原子は水素分子，ウの酸素原子は酸素分子をつくる。イの炭素原子やエの銅原子は1種類の原子がたくさん集まってできている物質であり，分子からできていない。

(2)　モデル…〇●〇　　名称…水

化学式は H_2O となる。

(3)　モデル…◉●　　名称…酸化銅

化学式は CuO となる。

(4)　ウ

酸素の中に火のついた線香を入れると，激しく燃えることからもわかるように，物質が燃焼するのに必要な物質は，酸素である。よって，酸素原子を示すウが正しい。

(5)　モデルの式…◎＋●●→●◎●

化学反応式…$C + O_2 \longrightarrow CO_2$

イが完全に燃焼するということは，炭素が酸素と結びついて，二酸化炭素になるということである。

④下図のような装置で，酸化銅と活性炭を混ぜて加熱したところ，気体が発生した。

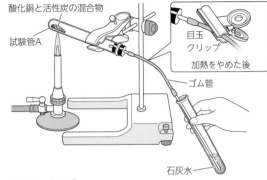

【解答・解説】

(1)　石灰水の変化…白くにごる

発生した気体…二酸化炭素

石灰水が白くにごったことから，発生した気体は二酸化炭素であるとわかる。

(2)　(例)空気(酸素)を試験管Aに吸いこんでしまわないようにするため。

試験管Aの中に酸素が吸いこまれてしまうと，還元された銅が，再び酸化してしまうおそれがある。これを防ぐためにゴム管を閉じる。

(3)　①イ　②特有の光沢(金属光沢)が出る。

残った物質は赤い色をした銅である。銅は金属であるため，こすってみがくと特有の光沢(金属光沢)が出る。

(4)　①酸素　②銅　③還元　④二酸化炭素

⑤酸化

物質に酸素が結びつくとき，その物質は酸化されたという。また，酸化物から酸素がとり除かれたとき，その物質は還元されたという。化学変化において，酸化と還元は同時に起こる。

(5)　$2CuO + C \longrightarrow 2Cu + CO_2$

酸化銅は CuO，炭素は C，銅は Cu，二酸化炭素は CO_2 と表せる。

物質

⑤化学変化と物質の質量について調べるため，下の手順で実験を行った。次の問いに答えなさい。

手順1 うすい塩酸と炭酸水素ナトリウムを容器に別々に入れ，ふたをして密閉(みっぺい)した後，図1のようにして容器全体の質量をはかると a g だった。

炭酸水素ナトリウム
うすい塩酸
図1

手順2 容器を傾けて2つの薬品を反応させた後，再び容器全体の質量をはかると b g だった。

手順3 容器のふたをゆるめてプシュッと音がするのを確認した後，再び容器全体の質量をはかると c g だった。

【解答・解説】

(1) (例)容器内の気体が容器の外に逃(に)げたこと。

反応で気体が生成するため，容器(ようき)内の圧力が高くなっている。

(2) ①＝ ②＞

反応の前後で，その反応に関係している物質全体の質量が変わらないことを，質量保存(ほぞん)の法則という。a と b は，質量保存の法則が成り立つため，その大きさは等しい。b と c は，手順3で反応に関係した気体が容器から逃げているため，c の方が軽くなる。

(3) ③組み合わせ ④種類 ⑤数 ⑥質量保存
(④⑤は順不同)

教科書 p.156 では原子の性質を学習した。原子の性質の1つ目は，「原子は，化学変化でそれ以上分けることができない」，2つ目は「原子は，化学変化で新しく出来たり，種類が変わったり，なくなったりしない」であった。このことから，化学変化の前後で原子の種類や数が変化しないことがわかる。

手順1 銅の粉末を入れた丸底フラスコに酸素を満たし，ゴム管のピンチコックを閉じて全体の質量をはかる。

手順2 フラスコを加熱して，銅の粉末の色が変わり，反応が終わったところでピンチコックを開き，全体の質量をはかる。

ピンチコック
銅の粉末
図2

(4) 結果…質量はふえる。

理由…加熱によりフラスコ内の酸素は銅と結びつく。ピンチコックを開くと，酸素の分の空気がフラスコ内に入ってくるから。

フラスコを加熱すると，加熱によりフラスコ内の酸素は銅に結びつく。ピンチコックを開くと，銅に結びついて空気中から失われた酸素の分の空気がフラスコ内に入ってくるから，空気が入ってきた分，手順2の方が手順1よりも質量はふえるといえる。

⑥下の実験を行った後のさとしさんと夏菜さんの会話を読み，次の問いに答えなさい。

実験1 右図のように，けずり状のマグネシウム 1.20 g を一定時間加熱し，加熱後の物質の質量をはかる操作を5回くり返した。表1は，その測定結果をまとめたものである。

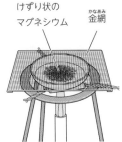

けずり状のマグネシウム

金網（かなあみ）

実験2 加熱するマグネシウムの質量を変えて，実験1と同じ実験を行い，加熱後の物質の質量が変化しなくなったときの質量の値（あたい）を，表2にまとめた。

表1　加熱回数と加熱後の質量

加熱回数	1	2	3	4	5
加熱後の質量〔g〕	1.50	1.78	2.00	2.00	2.00

表2　マグネシウムを加熱したときの質量変化

加熱前の質量〔g〕	0.51	0.72	0.90	1.20
加熱後の質量〔g〕	0.85	1.20	1.49	2.00

さとし：①マグネシウムは，加熱後に白っぽい物質に変わったね。

夏　菜：もとのマグネシウムとはちがう物質だろうね。ところで，②表1の3回目以降（いこう）は数値（すうち）が同じだけど，さとしさんはちゃんと質量をはかったの？

さとし：はかったよ！表2の結果と合わせて，いろいろなきまりがあるように思うよ。

【解答・解説】

⑴　物質…酸化マグネシウム

　　化学反応式…　2Mg + O₂ ⟶ 2MgO

　マグネシウムを空気中で加熱すると，酸素と結びついて酸化マグネシウムになる。質量変化を調べるためにマグネシウムを加熱するときには，けずり状のマグネシウムを使う。これは，マグネシウムを加熱すると，激しく熱や光を出しながら酸素と結びつく燃焼という化学変化を起こすためである。

⑵　(例)一定量のマグネシウムと結びつく酸素の質量には限界があるから。

　化学変化では，どちらか一方の物質が多く存在（そんざい）しても，反応できる相手の物質がなくなれば化学変化はそれ以上進まない。マグネシウムはすべて酸化マグネシウムに変化したのである。一定量の

マグネシウムと結びつく酸素の質量には限界があるから，質量が変化しなくなったのである。

⑶　0.80 g

　表1において，加熱前のマグネシウムの質量が 1.20 g なのに対し，加熱後の酸化マグネシウムの質量は 2.00 g である。この質量の差が，結びついた酸素の質量である。

　　2.00 g－1.20 g＝0.80 g

よって，1.20 g のマグネシウムと結びつくことのできる酸素の最大の質量は 0.80 g である。

⑷　3：2

　表2より，1.20 g のマグネシウムと結びついた酸素の質量は，0.80 g である。よって，

　　1.20：0.80＝3：2

より，3：2である。

物質

7 思考力UP さとしさんは，ロケットの打ち上げの新聞記事を見て，ロケットに興味がある健太さんと話をした。その会話を読んで，次の問いに答えなさい。

さとし：ロケットのおかげで，人工衛星やさまざまな探査機（たんさき）を宇宙空間（うちゅう）に運ぶことができるんだよね。ロケットの打ち上げは迫力（はくりょく）があるなあ。

健　太：そうだね。特に夜の発射では，昼のようにまわりを明るくする強烈（きょうれつ）な光が感動的だよ。どんな燃料を使っているのかな？

さとし：ロケットの燃料には，固体燃料と液体燃料があるんだって。新聞記事のロケットは，固体燃料ロケットと書いてあったよ。

健　太：燃料が燃えるときには酸素が必要なんだろうね。ジェット機の場合は飛びながら空気をとり入れて，空気中の酸素を使って燃料を燃やしているんだろうけど，宇宙空間で飛ぶロケットの場合は，どのようにして燃料を燃やしているんだろう。
a

さとし：ロケットには「酸化剤（さんかざい）」というものが積まれているらしいよ。この記事のロケットよりかなり大型の，日本のH－ⅡB（エイチ　ツー　ビー）という液体燃料ロケットの場合，燃料が液体水素，酸化剤が液体酸素というものなんだって。

健　太：水素や酸素が使われるということか。どのくらいの燃料を積むの？
b

さとし：H－ⅡBロケットには，ロケットを押し上げる補助（ほじょ）の役目をするブースターというものが側面についているけれども，それには固体の燃料が使われているらしい。そして，これらの燃料と酸化剤の総質量は約460トンにもなり，ロケットの総質量の約90％にもなるんだって。驚き（おどろ）だね。
c

【解答・解説】

(1)　(例)宇宙空間にはほとんど酸素がないから。

　　燃料が燃えるためには酸素が必要である。しかし，宇宙空間には空気がないため，ほとんど酸素もなく，どのように燃料を燃やすのかが不明である。

(2)　①変化はない　②水素：酸素＝2：1

　　酸素の場合と同じように，袋に水素だけを入れて火花を発生させても水素は燃焼せず何も起こらない。袋の中に燃える性質をもつ水素と，物質が燃えるのを助ける性質をもつ酸素の両方があることで，炎（ほのお）が上がるのである。

　　気体が反応によりすべてなくなったのであれば，袋には，水素と酸素が化学変化で過不足なく反応する体積の割合で入っていたことがわかる。

　　水素と酸素が爆発的（ばくはつてき）に反応して水ができる反応は，水の電気分解と逆の反応である。よって，その化学反応式は以下のようになる。

　　$2H_2 + O_2 \longrightarrow 2H_2O$

化学反応式の水素と酸素の係数の比は，この反応に使われる水素と酸素の体積の比を表している。よって，この化学反応式から，水素：酸素＝2：1 の体積であったことがわかる。

導線
ポリエチレンの袋

(3)　発熱反応

　　化学変化のときに熱を発生したために，まわりの温度が上がる反応を発熱反応という。一方で，化学変化のときに周囲の熱を吸収（きゅうしゅう）したために，まわりの温度が下がる反応を吸熱反応という。

(4)　ア，イ

　　アは，鉄と硫黄（いおう）が反応して硫化鉄（りゅうかてつ）になる反応である。またイは，重そう(炭酸水素ナトリウム)を加熱(熱分解)すると，二酸化炭素が発生する反応である。これらの反応では酸素と結びつくことはなく，酸化反応ではない。ウについて，鉄がさびるのは酸素と鉄が結びつくからである。このように，加熱せず，長い時間をかけて進む反応でも酸化は起こる。

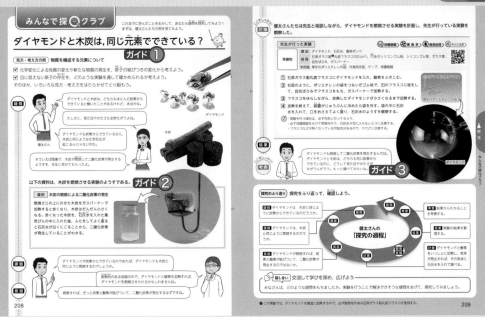

ガイド ① 元素

物質を構成する原子の種類を元素という。また，元素を表すために，その種類ごとに記号がつけられており，それを元素記号という。炭素の元素記号はCである。ダイヤモンド，鉛筆の黒鉛(グラファイト)，木炭などは炭素からできており，見た目やかたさが異なっていても，これらは全て元素記号Cで表すことができる。

ガイド ② 木炭の燃焼

木炭の燃焼は次のような化学反応式で表せる。

$$C + O_2 \rightarrow CO_2$$

木炭の燃焼では，炭素が酸素と結びついて二酸化炭素が発生する。二酸化炭素が発生したかどうかは，石灰水が白くにごるかどうかで確かめることができる。ダイヤモンドが木炭と同じく炭素からできているならば，上の式と同じように反応し，反応後に石灰水が白くにごるのではないかと仮説を立てることができる。

ガイド ③ ダイヤモンド

ダイヤモンドは，炭素の単体の1つである。ダイヤモンドは非常にかたい物質として知られており，研磨剤として用いられる。また，その美しさから宝石としての価値も有している。その他の特徴としては，光の屈折率が大きく，電気を通さないが，熱伝導性には優れている。

ダイヤモンドは，高温・高圧下の環境で生成される。天然のダイヤモンドは，地球の地下深くで高温・高圧の環境にさらされた後，それが地表に現れることで採掘することができる。一方，近年では人工ダイヤモンドの生産も行われている。たとえば，同じ炭素からできている黒鉛を高温・高圧下の環境に置くことで，ダイヤモンドを人工的に生成することができる。人工ダイヤモンドは天然ダイヤモンドより安価であるため，研磨剤などに利用される。

解説 さまざまな炭素の単体

この実験から，ダイヤモンドも燃焼して二酸化炭素を発生することがわかった。それでは，同じ炭素からできているのにダイヤモンドと木炭では，なぜ見た目やかたさが異なるのだろうか。

その秘密は，炭素原子がつくる構造のちがいにある。木炭やダイヤモンド，黒鉛はそれぞれ同じ炭素原子からできているが，各物質の炭素原子がつくる構造は異なっている。例えば黒鉛は，炭素原子が網の目のように平面上につながった構造をしており，層状になっている。一方で，ダイヤモンドは炭素原子が正四面体の各頂点にあるような立体網目構造をなしている。このような炭素原子の構造のちがいが，それぞれの物質の性質のちがいを生み出すのである。この例のように，同じ元素からなる単体で，性質の異なる物質同士を同素体という。

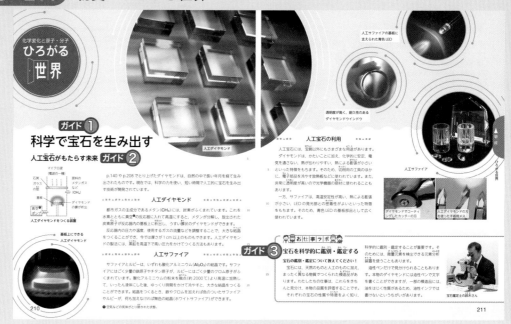

ガイド ① 宝石（ほうせき）

　宝石とは，ダイヤモンドやルビー，サファイアといったもので代表される装飾品の総称である。しかし，何をもって宝石といえるのかについて，明確に決まっているわけではない。宝石は，一般的には，美しく，ある程度の耐久性があり，めずらしいものであることが多いが，何をもって宝石とみなすのかは，その文化や社会によっても異なる。天然の宝石は，鉱山などで採掘され，その原石を磨き，カットすることで商品としての価値が生まれる。たとえば，ダイヤモンドの場合，地中に多くダイヤモンドが存在する鉱床を大規模に採掘する。その後多くは，ブリリアントカットとよばれる特有の形に加工されていくのである。

ガイド ② 人工宝石

　現在では，宝石を人工的につくる試みも行われている。それらは，本単元で学んだような，化学変化や原子に関する知識を最大限に活用して作られている。人工宝石が作れるようになるまでには，多くの人の苦労があったといえる。今では，天然には存在しない宝石についても，人工的につくりだすことができる。

　初めて人工的に宝石が作られたのは，19世紀後半のことで，ルビーが作られた。その後，サファイア，エメラルド，ダイヤモンド，オパールといった宝石についても人工的に生産することができるようになった。また，その生産方法についても日々進化が続いている。

ガイド ③ 宝石の鑑別（かんべつ）・鑑定（かんてい）

　宝石鑑定士は，宝石をみて，その性質や特徴を根拠をもって判断する必要がある。そのために，宝石の鑑定には，科学的な手法が用いられるのである。たとえば，宝石の種類を調べるためにX線検査を利用したり，宝石の屈折率を調べたりする。また，天然の宝石と人工の宝石を区別するために，元素分析なども用いられる。

　このように行われる宝石の鑑別・鑑定であるが，その目的は宝石の種類を見分けるだけではない。天然の宝石か，人工の宝石かを見分けることはもちろん，宝石の産地や品質，宝石に加えられた人工的な処理についても見きわめる必要がある。理科で学ぶさまざまな知識が必要とされる宝石鑑定士は，理科の学習のプロフェッショナルでもあるといえるだろう。

電流とその利用

212

213

わたしたちは、毎日電気を利用することで便利な生活を送っている。電気器具は電気が流れることで作動する。電流は、電気器具に使われているだけでなく、雷などの自然現象の中にも見ることができる。電流にはどのような性質があり、どのようなものに利用されているのだろうか。また、電流の正体はどのようなもので、どのようにしてつくり出されているのだろうか。この単元では、電流に関する不思議を探究していこう。

ガイド 1 学びの見通し

　電流は電気器具を動かす上でなくてはならないものである。それだけでなく、電流は磁界(磁力がはたらく空間)をうみ、その磁界もまた、わたしたちの生活を支える役割をもっている。この単元では、電流や磁界について、観察や実験を通して、日常生活や社会と結びつけながら学んでいこう。

　1章では、電流の性質について学ぶ。電気の流れ、すなわち電流は、回路とよばれる道すじを流れている。「流れる」という言葉からわかるように、電流を考えるには、それを流そうとするはたらきや、流れにくさも考えないといけない。それぞれ電圧、電気抵抗があてはまるが、これらの関係を実験を通して考えてみよう。

　2章では、電流の正体にせまっていく。静電気にふれて感電した経験のある人は少なくないだろう。たまった電気に流れが生じることで、電流が発生する。それでは、具体的にどのようなものが動いて電流が生じているのだろうか。観察や実験をしていくと、電子とよばれる粒子の移動が電流の正体であることがわかる。電子はどのような性質をもつのか、考えてみよう。

　3章では、電流と磁界について学ぶ。小学校では、鉄心を入れたコイルに電流を流すことで、電磁石になることを学んだ。それは、電流が磁界をつくりだすからである。一方で、磁力が電流に影響をもたらすこともある。電流と磁界の関係は、発電機などのしくみを理解する上でも重要である。実験結果と結びつけながら考えてみよう。

ガイド 2 学ぶ前にトライ！

　「電磁」というよび方が示すように、電磁調理器は、電流と磁界の関係を利用した機器である。

　小学校で学んだ電磁石のように、コイルに電流を流すことで、そのまわりに磁界をつくることができる。鍋に直接電流を流すわけではないのに加熱することができるということは、鍋に目に見えない何かがはたらいているのは確かであり、それが磁界のはたらきであると考えることができるだろう。

　磁界に変化を与えることで、電流を流すこともできる。これを電磁誘導という。電磁調理器では磁界が鍋に電流を流すことで、鍋を加熱しているのである。3章の内容と密接にかかわっているので、よく確認しておこう。

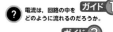

テストによく出る
重要用語等

□電流

□回路

テストによく出る
器具・薬品等

□LED 豆電球

ガイド 1　学習の課題

　電流が切れ目なく流れる道すじを回路という。回路を流れる電流の向きは，乾電池などの＋極から－極へ向かう向きである。

　実は，電流は電子の移動によるものであり，これについては教科書 p.255 で学習するが，電子がひとめぐりする道すじが必要である。これが回路であり，回路のどこか1か所でも切れていると，電流は流れない。

ガイド 2　LED 豆電球

　LED とは，発光ダイオードのことであり，LED 豆電球は，光源に LED を使用した豆電球のことをいう。

　LED が使われる以前から，白熱電球や蛍光灯が照明として使われてきたが，LED はこれらに比べて，小さい電力で光を出すことができ，発熱も小さい。さらに，寿命も長い。そのため，最近では照明を白熱電球や蛍光灯から LED にする動きが進んでいる。

　また，ふつうの豆電球は出すことのできる光の色が限られているが，LED 豆電球はさまざまな色の光を出すこともできる。

　ただし，LED 豆電球は一方の向きにしか電流を通さずで，決まった向きでないと光らないので実際に使うときには注意が必要である。

ガイド 3　思い出してみよう

　まず，電流は回路が切れ目までつながっていないと流れない。スイッチを切るなどして，回路のどこかを切ってしまうと，導線に豆電球をつないでも明かりがつかなくなる。

　また，回路を流れる電流には向きがある。そのため，一方の向きの電流しか通さない LED 豆電球や電子オルゴールを使うとき，切れ目なく導線をつないでも明かりがつかなかったり，音がならなかったりする。電流は，乾電池の＋極から－極へと流れる。

　さらに，小学校では2種類の回路のつなぎ方を学んでいる。道すじが1本で分かれることのないつなぎ方を直列回路(つなぎ)，道すじが途中で枝分かれするようなつなぎ方を並列回路(つなぎ)という。実は，回路のつなぎ方によって電流の流れ方にちがいがあるのだが，それはこれからの実験で見ていこう。

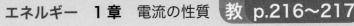

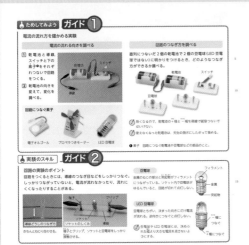
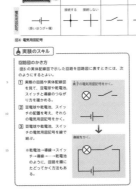
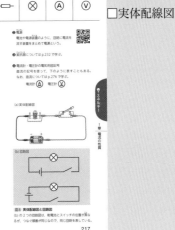

 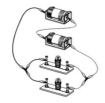

ガイド① ためしてみよう

① **電流が流れる向きが決まっているもの**…電子オルゴール，LED 豆電球

どちらでも使えるもの…プロペラつきモーター

② つなぎ方の例

ガイド② 実験のスキル

◎使用する器具に不備がないか実験前に確認する。

① 豆電球のフィラメントが切れていないか。ねじがゆるくなっていないかなど。

② 乾電池が古くなっていないか。

③ 導線が断線していないか，接触の悪いところはないか。

◎乾電池の＋極と－極を導線で直接つないではいけない。

◎豆電球や LED 電球などは，決められた値以上の電流を流すとこわれて使えなくなってしまうので注意する。

テストによく出る🔍

🔷 **電気用図記号** 電気器具を回路図に表すとき，決められた記号を用いて表す。電源の記号は，長い線が＋極を，短い線が－極を表す。

電源	スイッチ	電球
─┤├─	── ─	⊗
導線の交わり(接続するとき)	**電流計**	**電圧計**
●	Ⓐ	Ⓥ
抵抗器	**直流の記号を使って表すこともある**	
──▭──	電流計(直流用)	電圧計(直流用)
	Ⓐ	Ⓥ

🔷 **回路図と実体配線図** 回路のようすを，電気用図記号を用いて表した図を回路図という。電気器具や導線のようすを実物に近い形で表した図を実体配線図という。

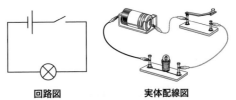

回路図　　　　　　　実体配線図

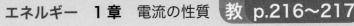

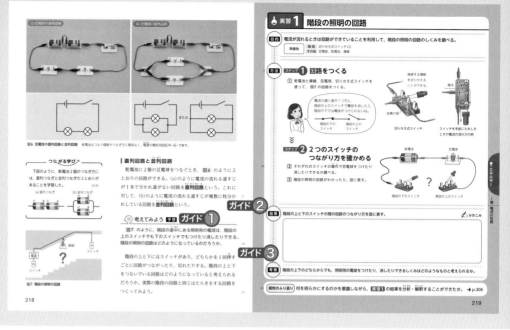

図6 豆電球の直列回路と並列回路　乾電池はつなぐ個数やつなぎ方に関係なく、電流の電流用記号─┤├─で表す。

つながる学び

下図のように、乾電池2個のつなぎ方には、直列つなぎと並列つなぎの2とおりがあることを学習した。[小4]

(a)直列つなぎ　(b)並列つなぎ

図7 階段の照明の回路

直列回路と並列回路

乾電池に2個の豆電球をつなぐとき、図6のように2とおりの回路ができる。(a)のように電流の流れる道すじが1本で分かれ道がない回路を直列回路という。これに対して、(b)のように電流の流れる道すじが複数に枝分かれしている回路を並列回路という。

考えてみよう 予想 **ガイド①**

図7のように、階段の途中にある照明用の電球は、階段の上のスイッチでも下のスイッチでもつけたり消したりできる。階段の照明の回路はどのようになっているのだろうか。

階段の上と下にはスイッチがあり、どちらかを1回押すごとに回路がつながったり、切れたりする。階段の上と下をつないでいる回路はどのようになっていると考えられるだろうか。実際の階段の回路と同じはたらきをする回路をつくってみよう。

実習1 階段の照明の回路

目的　電流が流れるときは回路ができていることを利用して、階段の照明の回路のしくみを調べる。

準備物　器具　切りかえ式スイッチ(2)
　　その他　豆電球、乾電池、導線

方法　ステップ① 回路をつくる

1 乾電池と導線、豆電球、切りかえ式スイッチを使って、図7の回路をつくる。

ステップ② 2つのスイッチのつながり方を確かめる

2 それぞれのスイッチの操作で豆電球をつけたり消したりできるか調べる。
3 階段の照明の回路がわかったら、図に表す。

結果 **ガイド②** 階段の上と下のスイッチの間の回路のつながり方を図に表す。

考察 階段の上下のどちらからでも、照明用の電球をつけたり、消したりできるしくみはどのようなものと考えられるか。

探究のふり返り 何を明らかにするのかを意識しながら、実習1の結果を分析・解釈することができたか。→p.306

218

219

● **直列回路と並列回路** 回路につないだ電気器具で、電流の流れる道すじが1本で分かれ道がない回路を、その器具についての直列回路、電流の流れる道すじが複数に枝分かれしている回路を、その器具についての並列回路という。

ガイド① 考えてみよう

直列回路の場合、電流の通り道は1本だけである。そのため、上のスイッチ、下のスイッチのどちらかを切っただけで、回路が切れてしまう。しかし、階段の照明は、一方のスイッチを切ったとしても、もう一方のスイッチでつけたり消したりすることができる。よって、階段の照明の回路は直列回路ではないと考えられる。

それでは、並列回路で考えるとどうなるのか。この場合、電流の通り道は枝分かれして、2本の通り道ができる。このときに考えなければならないのは、一方のスイッチが入っている状態であっても、もう一方のスイッチを切れば回路がつながらなくなるようにしなければならないということである。そうするには、並列回路であっても、両方のスイッチに2本枝分かれした通り道をつなぐように回路をつくる必要がある。

ガイド② 結果

教科書 p.220 に結果と考察の例が示されている。これを回路図で考えると、以下のように一方のスイッチがどうなっていても、もう一方のスイッチを切りかえると、電球をつけたり消したりできる。

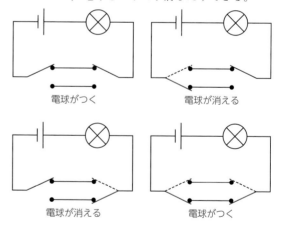

電球がつく　　　電球が消える

電球が消える　　電球がつく

ガイド③ 考察

2つのスイッチの間に2本の電流の通り道をつくり、スイッチの使い方しだいで、電流の通り道が切りかえられるしくみをつくる。このしくみが、一方のスイッチだけでつけたり消したりすることのできる、階段の照明に使われていると考えられる。

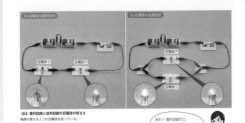

ガイド 1 　電流を通すインク

　教科書 p.220「深めるラボ」では，丸めることで光る懐中電灯が紹介されているが，そこでは銀の粒子をふくんだインクが使われていて，この銀が電流を通すことによって，懐中電灯として使えるようになる。銀は，電気抵抗が小さいことから，電流を通すインクによく用いられている。

　こうした電流を通すインクを使ったスイッチに，メンブレンスイッチ（シートスイッチ）がある。シートを上から押すことで，インクをぬった部分どうしが接触し，電流を通すしくみである。このスイッチは，電子レンジや電気ポットのスイッチ，パソコンのキーボードの内部に使われており，わたしたちの生活にも密接にかかわっていることがわかる。

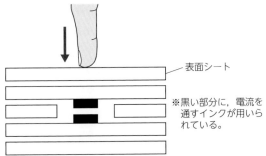

表面シート

※黒い部分に，電流を通すインクが用いられている。

表面シートを押すことで，インクどうしがくっつきく，電流を通すしくみ。

メンブレンスイッチのしくみ

テストによく出る

アンペア　電流の大きさを表す単位はアンペア（記号 A）である。1 アンペアの 1000 分の 1 を 1 ミリアンペア（記号 mA）という。

$1 A = 1000 mA$，$1 mA = \dfrac{1}{1000} A = 0.001 A$

ガイド 2 　アンペール

　1775 年フランスで生まれた物理学者。電気と磁気の関係を研究し，アンペールの法則（右ねじの法則）を発見した。電流の大きさを表すアンペアは，アンペールの名前に由来する。

ガイド 3 　思い出してみよう

　電流は，乾電池の＋極から−極へと流れる。また，流れる電流が大きくなると，豆電球もより明るく光る。

エネルギー

テストによく出る
器具・薬品等

□電流計

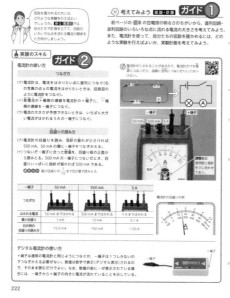

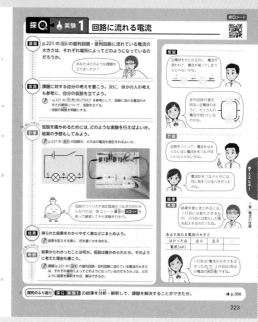

ガイド 1 考えてみよう

【仮説】（例）

　直列回路では，電流の大きさは変わらない。並列回路では，回路が枝分かれしているところで，電流の大きさは小さくなる。

　電流の流れを水の流れにたとえると，枝分かれしない水路に流れる水の量はどこでも一定なので，直列回路に流れる電流の大きさも変わらないと考える。

　また，水路が枝分かれする場合，枝分かれする前の水量が，2つの水路で分かれるから，1つ1つの水路に流れる水の量は少なくなる。よって，回路が枝分かれしているところで流れる電流の大きさは小さくなると考える。

【計画】（例）

①教科書 p.221 図8 のように直列回路と並列回路を組み立てる。

②直列回路では，点 A〜C について，電流計をつないで電流をはかる。

③並列回路では，点 D〜I について，電流計をつないで電流をはかる。

ガイド 2 電流計の使い方

　使用する前に調整ねじの指針を0にする。電流計は，電流の大きさをはかろうとする部分に直列につなぐ。電流計の＋端子を電源の＋極側に，電流計の－端子を電源の－極側につなぐ。このとき，電流計だけを電源に直接つなぐと，大きい電流が流れ，電流計がこわれることがあるので，電流計を電源だけにつないではならない。－端子は5A端子，500mA端子，50mA端子の3つあるので，まず5A端子につなぎ，指針の振れを見て，振れが小さいときは電流の大きさを考えて，500mA や 50mA の端子につなぎかえる。

　目盛りを読むときは，目盛り板の正面から指針の位置を見る。どの端子を使っているかに注意して，最小目盛りの $\frac{1}{10}$ の位まで目分量で読みとる。

豆電球の直列回路　　豆電球の並列回路

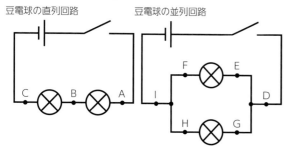

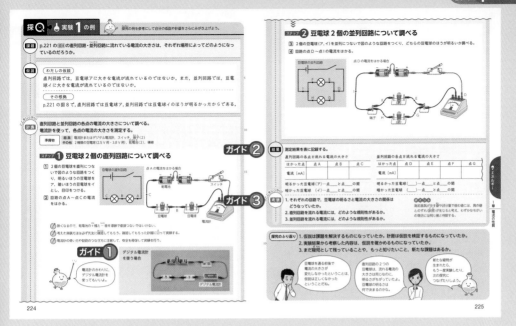

224　　　　225

ガイド 1 デジタル電流計のつなぎ方

デジタル電流計は，指針で値を示す電流計と同じはたらきをもっている。抵抗器や電球などをはさまずに，直接電源とつなげるとこわれる危険がある点も同じである。なお，電流計を直接電源とつないではいけないのは，電流計の内部は電気抵抗が小さく，大きい電流が流れやすいからである。

とはいえ，いくつかちがいもある。デジタル電流計には－端子が1つしかない。そのため，－端子をつなぎかえる必要はない。また，電流の大きさは，画面に表示された値をそのまま読みとればよい。ただし，＋端子と－端子を反対につなぐと，流れる電流の向きが反対になるため，表示される値が負になる。

ガイド 2 結果

【直列回路】(例)

はかった点	点A	点B	点C
電流〔mA〕	199	199	199

明るかった豆電球(ア)…点Aと点Bの間
暗かった豆電球(イ)…点Bと点Cの間

【並列回路】(例)

はかった点	点D	点E	点F	点G	点H	点I
電流〔mA〕	554	252	252	302	302	554

明るかった豆電球(イ)…点Gと点Hの間
暗かった豆電球(ア)…点Eと点Fの間

ガイド 3 考察

1. 直列回路では，豆電球に流れる電流の大きさは同じであったが，豆電球(ア)のほうが明るかった。並列回路では，豆電球に流れる電流の大きさが大きいほど豆電球は明るかった。

2. 直列回路では，回路のどの点でも電流の大きさは等しい。

3. 並列回路では，枝分かれした電流の大きさの和は，分かれる前の電流の大きさや，合流した後の電流の大きさに等しい。

エネルギー

テストによく出る
重要用語等

□電圧
□ボルト(V)

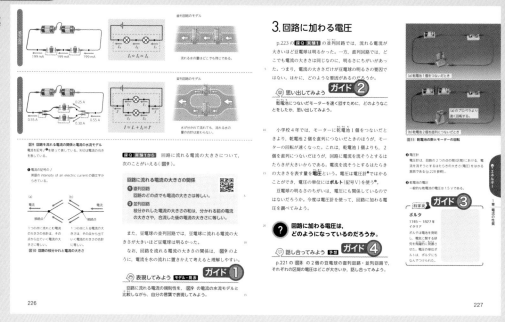

ガイド 1　表現してみよう

　回路を流れる電流は，教科書 p.226 図9 のように，流れる水の量にたとえられる。このとき，電流の大きさが単位時間に流れる水の量に相当する。枝分かれのない水路(直列回路にあたる)では，流れている水の量はどこをとっても同じである。

$$I_1 = I_2 = I_3$$

　枝分かれのある水路(並列回路にあたる)では，水は，途中で枝分かれしてそれぞれ別の水路を通ってから，再び合流することになる。すなわち，枝分かれしている部分の水の量の和が，全体の水の量と等しくなっている。

$$I = I_1 + I_2 = I'$$

　また，直列，並列どちらの水路においても，途中で水の量が減ることはない。電流もこれと同じで，豆電球に流れこむ電流の大きさと，豆電球から流れ出ている電流の大きさは同じになる。

ガイド 2　思い出してみよう

　モーターを速く回すためには，乾電池2個を直列つなぎにすればよい。これにより，乾電池1個をつないだ場合や，乾電池2個を並列つなぎした場合よりも，モーターをより速く回すことができる。

テストによく出る

● **電圧**　電流を流そうとするはたらきの大きさを電圧という。電圧の単位はボルト(記号V)で，よく使う乾電池の電圧は 1.5 V である。電圧は電圧計ではかることができる。

ガイド 3　ボルタ

　1745 年イタリアで生まれた物理学者。2種類の金属で食塩水をふくんだ紙をはさむと，電気が流れることを発見し，亜鉛と銅を電極にして，塩化ナトリウム水溶液(食塩水)あるいは硫酸を電解液として用いた，世界初の化学電池であるボルタ電池を発明した。電圧を表す単位はボルタの名前に由来する。

ガイド 4　話し合ってみよう

　教科書 p.221 の 図8 の直列回路では，流れる電流の大きさが一定である。しかし，豆電球イよりも豆電球アの方が明るかったことから，豆電球アの方がかかっている電圧が大きいと考えられる。また，並列回路では，豆電球イの方が明るかったが，流れる電流も大きかったので，電圧は豆電球アも豆電球イも同じ大きさになるかもしれない。

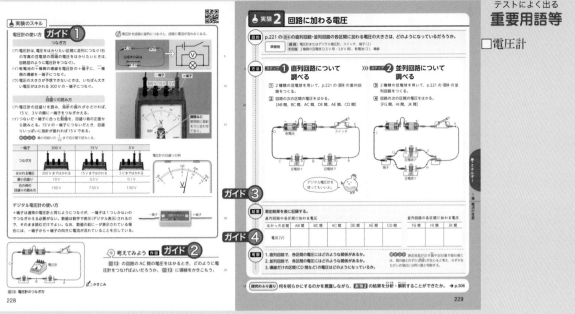

ガイド 1　電圧計の使い方

　使用する前に調整ねじの指針を 0 にする。電圧計は，電圧の大きさをはかろうとする部分に並列につなぐ。電圧計の＋端子を電源の＋極側に，－端子を電源の－極側につなぐ。－端子は，まず 300 V 端子につなぎ，指針の振れを見て，振れが小さいときは電圧の大きさを考えて，15 V や 3 V の端子につなぎかえる。目盛りを読むときは，どの端子を使っているかに注意して，最小目盛りの $\frac{1}{10}$ の位まで目分量で読みとる。

ガイド 2　考えてみよう

　電圧計をつなぐときは，電圧をはかりたい区間に並列につなぐ。電圧計の＋端子を乾電池の＋極側に，－端子を乾電池（電源）の－極側につなぐ。ここでは，乾電池 2 個の直列つなぎの回路なので，15 V の－端子につないでいる。

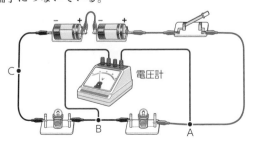

ガイド 3　結果

（例）

はかった区間	直列回路					
	AB 間	BC 間	AC 間	DE 間	AE 間	CD 間
電圧〔V〕	1.6	1.2	2.8	2.8	0.00	0.00

はかった区間	並列回路		
	FG 間	HI 間	JK 間
電圧〔V〕	28	28	28

ガイド 4　考察

1. AB 間と BC 間の電圧の和と，AC 間の電圧は等しくなっている。また，AB 間と BC 間の電圧の和は，DE 間の電圧とも等しい。

　　（AB 間＋BC 間）＝（AC 間）＝（DE 間）

2. FG 間，HI 間，JK 間の電圧はすべて等しくなっている。

　　（FG 間）＝（HI 間）＝（JK 間）

3. 導線だけの区間（AE 間，CD 間）に，電圧は生じていない。

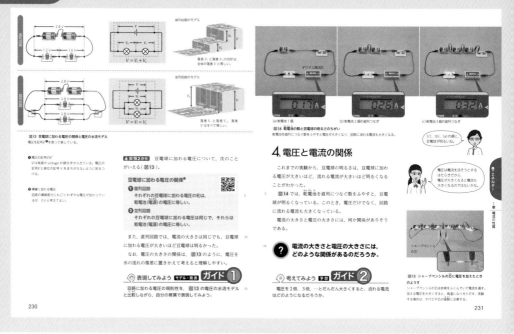

ガイド 1　表現してみよう

電流を水の流れにたとえたとき，電圧は，その水の流れの落差の大きさにたとえることができる。

落差が大きいほど，水を流す力が強くなる。いいかえれば，電圧が大きいほど，電気を流しやすくなり，電流は大きくなる。

豆電球を2個つないだ直列回路では，1番目の豆電球アの落差と，2番目の豆電球イの落差の和が，全体の落差と等しくなる。

$$V_1 + V_2 = V$$

豆電球2個を並列につないだ並列回路では，2個の豆電球ア，イは並んでいるので，落差は同じであり，全体の落差とも等しい。

$$V_1 = V_2 = V$$

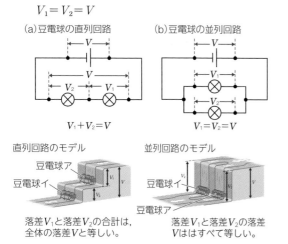

(a)豆電球の直列回路

$V_1 + V_2 = V$

(b)豆電球の並列回路

$V_1 = V_2 = V$

直列回路のモデル

豆電球ア
豆電球イ

落差 V_1 と落差 V_2 の合計は，全体の落差 V と等しい。

並列回路のモデル

豆電球イ
豆電球ア

落差 V_1 と落差 V_2 の落差 V ははすべて等しい。

ガイド 2　考えてみよう

教科書 p.227 図 11 の(a)と(b)の比較から，乾電池の数が2倍，つまり電圧が2倍になると，プロペラはより速く回転する。これは，モーターを流れる電流が大きくなったからといえる。教科書 p.231 図 14 の(a)と(b)と(c)の比較では，電圧が大きくなると，豆電球はより明るく点灯する。これも，豆電球を流れる電流が大きくなったからである。つまり，電圧を大きくすると，流れる電流も大きくなるという関係があるといえる。くわしく実験で調べると，電圧を2倍，3倍，…とすると，電流も2倍，3倍，…となる比例関係になる。

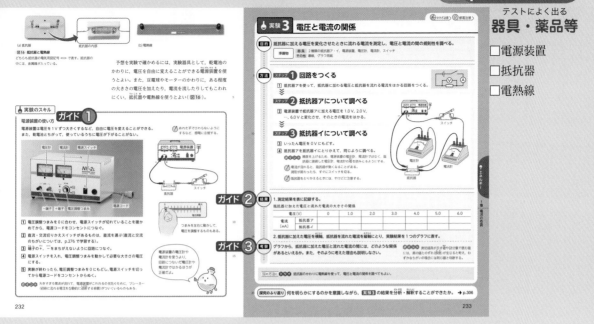

テストによく出る
器具・薬品等

□電源装置
□抵抗器
□電熱線

ガイド① 電源装置の使い方

　乾電池の電圧の大きさは，乾電池の仕様により1.5 V，3.0 V，…と決まってしまうが，電源装置は自由に電圧を変えることができるので便利である。

　電源装置を使うときは，まず電源スイッチが切れていることや，電圧調整つまみが0になっていることを確認してから，電源コードをコンセントにつなぐ。直流か交流かを選べるものは直流を選ぶ(出力端子が直流と交流とで別になっているものや，切りかえスイッチがあるものもある)。

　次に，電源装置の＋端子，－端子をまちがえないように回路につなぐ。電源スイッチを入れてから，回路のスイッチを入れる。

　電源装置にも，電流の大きさや電圧の大きさを示す目盛りはついているが，回路につないである電流計や電圧計のほうが正確であるため，電流計，電圧計が示す目盛りを見ながら，電圧調整つまみを回して，必要な大きさの電圧にする。

　特に今回の実験では，電圧の大きさが3.0 Vを超えるときや，電流の大きさが，50 mA，500 mAを超えるときは，電圧計や電流計の－端子の移動が必要なので注意する。

　実験が終わったら，電圧調整つまみを0にして，電源スイッチを切ってから電源コードをぬく。

ガイド② 結果

1.　測定結果(例)

電圧〔V〕		0	1.0	2.0	3.0	4.0	5.0	6.0
電流〔mA〕	抵抗器ア	0	50	98	151	200	249	302
	抵抗器イ	0	26	52	75	100	126	150

2.　グラフ

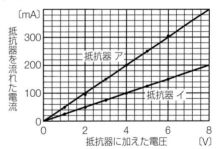

ガイド③ 考察

　グラフが原点を通る直線になっていることから，抵抗器に流れる電流はかかる電圧に比例することがわかる。

エネルギー

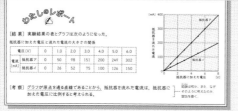

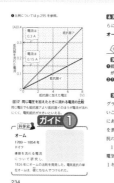

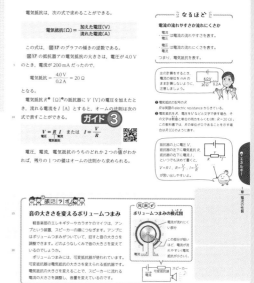

テストによく出る🔍

💠 **オームの法則**　抵抗器や電熱線を流れる電流の大きさは，それらに加える電圧に比例する。この関係をオームの法則という。

テストによく出る🔍

💠 **電気抵抗**　電流の流れにくさを表す量を電気抵抗（または，単に抵抗）という。
加えた電圧を V〔V〕，流れる電流の大きさを I〔A〕とすると，電気抵抗の大きさ R〔Ω〕は，

$$R = \frac{V}{I}$$ で表される。

$$電気抵抗〔Ω〕 = \frac{加えた電圧〔V〕}{流れた電流〔A〕}$$

ガイド 1 オーム

　1789年ドイツに生まれた物理学者。ボルタが発明した電池を研究し，回路にかかる電圧と電流の大きさは比例するというオームの法則を発見した。電気抵抗の単位オーム（記号 Ω）は，オーム（Ohm）の名前からきているが，O（オー）だと，0（ゼロ）とまちがえやすいことから，ギリシア文字の Ω が使われることになった。

ガイド 2 考えてみよう

❶　抵抗器ア
❷　抵抗器イ

　実験3の結果から，同じ電圧を加えたときに流れる電流が大きいのは，抵抗器アであるとわかる。また，それぞれ同じ電圧をかけているのだから，電流が流れにくいのは抵抗器イであるとわかる。

ガイド 3 $V = RI$

　オームの法則から，電気抵抗を R〔Ω〕，電圧を V〔V〕，電流を I〔A〕とすると，次の関係式が成り立つ。

$$V = RI \qquad I = \frac{V}{R} \qquad R = \frac{V}{I}$$

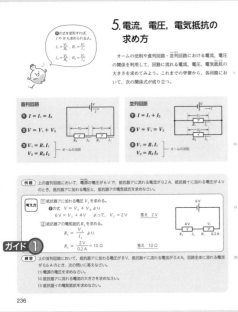

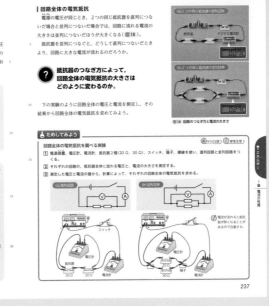

テストによく出る🔍

🔷 直列回路の関係式

❶ $I = I_1 = I_2$

❷ $V = V_1 + V_2$

❸ $V_1 = R_1 I_1$
$V_2 = R_2 I_2$ ——オームの法則

🔷 並列回路の関係式

❶ $I = I_1 + I_2$

❷ $V = V_1 = V_2$

❸ $V_1 = R_1 I_1$
$V_2 = R_2 I_2$ ——オームの法則

ガイド 1 練習

(1) 並列回路だから，$V = V_1 = V_2$ より，抵抗器アに加わる電圧と電源の電圧は等しいので，
$V = V_1 = 8\,\text{V}$

答え　8 V

(2) $I = I_1 + I_2$ より，
$0.6\,\text{A} = I_1 + 0.4\,\text{A}$
よって，$I_1 = 0.2\,\text{A}$

答え　0.2 A

(3) 抵抗器イに加わる電圧は，$V = V_1 = V_2$ より
$V_2 = 8\,\text{V}$

抵抗器イに流れる電流は 0.4 A なので，$R_2 = \dfrac{V_2}{I_2}$ より，

$R_2 = \dfrac{8\,\text{V}}{0.4\,\text{A}} = 20\,\Omega$

答え　20 Ω

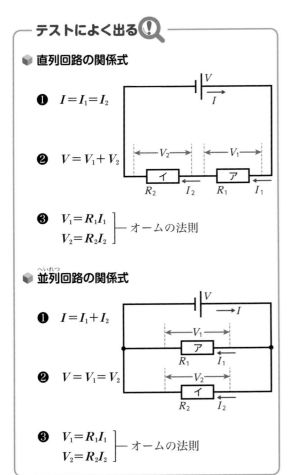

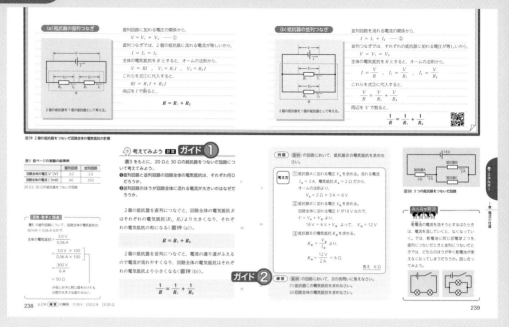

テストによく出る

■ 2個の抵抗器を直列つなぎにした場合

回路全体の電気抵抗 R は，それぞれの電気抵抗 R_1，R_2 の和になる。

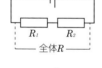

$$R=R_1+R_2$$

■ 2個の抵抗器を並列つなぎにした場合

電流の通り道がふえるので，回路全体の電気抵抗 R は，それぞれの電気抵抗 R_1，R_2 よりも小さくなる。

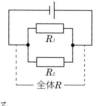

$$\frac{1}{R}=\frac{1}{R_1}+\frac{1}{R_2}$$

ガイド①　考えてみよう

①直列回路：オームの法則より，

$$\frac{3.0\ \text{V}}{0.06\ \text{A}}=50\ \Omega$$

　並列回路：オームの法則より，

$$\frac{3.0\ \text{V}}{0.25\ \text{A}}=12\ \Omega$$

②同じ電気抵抗の抵抗器を用いても，並列回路では回路全体の電気抵抗が直列回路よりも小さくなるから。

ガイド②　練習

(1) ①　抵抗器Cに流れる電流 I_C を求める。

　　$I_A=3\ \text{A}$，$I_B=2\ \text{A}$ だから，$I_A=I_B+I_C$ より，

　　$3\ \text{A}=2\ \text{A}+I_C$，よって $I_C=1\ \text{A}$

　②　抵抗器Cに加わる電圧を求める。

　　$V_B=12\ \text{V}$ だから，$V_C=V_B$ より，$V_C=12\ \text{V}$

　③　抵抗器Cの電気抵抗を求める。

　　$R_C=\dfrac{V_C}{I_C}$ より，$R_C=\dfrac{12\ \text{V}}{1\ \text{A}}=12\ \Omega$

　　　　　　　　　　　　　　　答え　12 Ω

(2)

【解法1】

　回路全体の電圧が 18 V，電流が 3 A なので，

オームの法則より，$R=\dfrac{18\ \text{V}}{3\ \text{A}}=6\ \Omega$

【解法2】

　①　抵抗器B，Cを合わせた電気抵抗 R_{BC} を求める。

　　$\dfrac{1}{R_{BC}}=\dfrac{1}{R_B}+\dfrac{1}{R_C}$ より，$\dfrac{1}{R_{BC}}=\dfrac{1}{6}+\dfrac{1}{12}$，

　　よって $R_{BC}=4\ \Omega$

　②　回路全体の電気抵抗 R を求める。

　　$R=R_A+R_{BC}$ より，$R=2\ \Omega+4\ \Omega$，

　　よって $R=6\ \Omega$

　　　　　　　　　　　　　　　答え　6 Ω

テストによく出る

重要用語等

- □導体
- □不導体(絶縁体)
- □電気エネルギー
- □電力
- □ワット(W)

ガイド① 物質の種類と電気抵抗(ていこう)

　物質の電気抵抗の大きさは，物質の種類や長さや断面積によって異(こと)なる。

　金属は電気抵抗が小さく，電流が流れやすく，導体という。また，ガラスやポリエチレン，ゴムなどのように，電気抵抗が非常に大きく，電流を通しにくいものを不導体または絶縁体という。

　教科書 p.240 表2 に見られる物質のうち，電気抵抗が小さい銅は，導線として用いられる。また，特性を生かして，ニクロムは電熱線に，ポリ塩化ビニルは導線の被覆(ひふく)に用いられる。

解説 テーブルタップの使用上の注意

　テーブルタップを使うとき，流れる電流の和が大きくなる組み合わせ，同じコンセントから複数のテーブルタップを使う「たこ足配線」を避(さ)けなければ危険である。

　1つのコンセントにつき，決まった電流の値(15 A が多い)をこえると，発熱や火災を引きおこすことがある。

テストによく出る

💡 **電力**　電流がもつ能力を電気エネルギーという。一定時間に電流がもつ電気エネルギーの量を電力といい，ワット(記号 W)で表す。1 V の電圧を加えて 1 A の電流が流れたときの電力を 1 W という。1000 W は 1 kW である。

　　電力〔W〕＝電圧〔V〕×電流〔A〕

ガイド② 話し合ってみよう

(例)

扇風機(せんぷうき)・掃除器(そうじき)…物体を動かす。

オーブン・電気ポット・アイロン・ドライヤー…熱を発生。

照明器具…光を発生。

エアコン・洗濯機(せんたくき)(乾燥機(かんそうき)つき)…物体を動かし熱を移動する。

テレビ…音と光を発生。

スピーカー…音を発生。

エネルギー

133

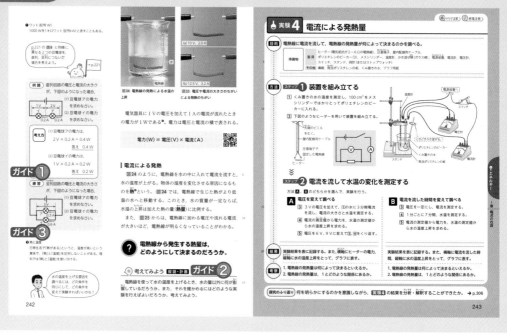

ガイド ① 練習

(1) 豆電球アについて，電圧は 3 V，電流は 0.3 A であることが，図から読みとれる。したがって，豆電球アの電力は，

　　3 V×0.3 A＝0.9 W

答え　0.9 W

(2) 豆電球イについて，電圧は 3 V，電流は 0.6 A であることが，図から読みとれる。したがって，豆電球イの電力は，

　　3 V×0.6 A＝1.8 W

答え　1.8 W

ガイド ② 仮説・計画

電熱線を使って水の温度を上げるとき，水の量以外にも，以下のものが影響すると考えられる。

・電圧の大きさ
・電流の大きさ
・電流を流す時間

電圧や電流の大きさが与える影響を調べるには，電流を流す時間や水の量をそろえて，いくつか電圧の大きさを変えながら，実験を行う必要がある。このとき，電流の大きさも測定する。そうすることで，電圧と電流の情報がそろえられて，電力の大きさを求めることもできる。

電流を流す時間が与える影響を調べるには，電圧の大きさ，水の量をそろえた上で，時間を変えながら実験を行う。こちらも，電流の大きさを忘れずに測定しておこう。

ガイド ③ 熱と温度

日常生活の中で，「熱」と「温度」のちがいを意識することは少ないだろう。しかし，理科で議論をする上では，この 2 つは正確に使い分けられなければならない。今のうちに，ちがいをきちんと理解しておこう。

「気温 20 ℃」というように，暑さ・寒さ，あるいは熱さ・冷たさを数値で表したものが「温度」である。日常生活では「熱が 38 ℃ある」という言い方をすることもあるが，理科では「身体の温度(体温)が 38 ℃である」というのが正しい。

一方，「熱」とは，温度を変化させる原因であり，エネルギーの一種でもある。そのため，量で表すこともできる。熱の量を「熱量」というが，これについて次ページから学んでいこう。

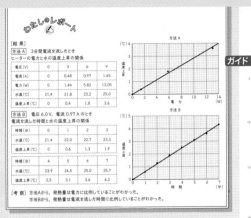

ガイド 1　電流による発熱量

　ヒーターの「発熱量」は，ヒーターの「電力」と「電流を流した時間」の両方に比例する。つまりヒーターの発熱量は，次の式で表すことができる。

　　発熱量＝(比例定数)×電力×電流を流した時間

　ここで，1 W の電力で，1 秒間電流を流したときに発生する熱量を 1 ジュール(記号 J)とすると，比例定数は 1 となる。したがって，

　　発熱量〔J〕＝電力〔W〕×時間〔s〕

ガイド 2　ジュール

　1818 年イギリスで生まれた物理学者。科学者ドルトンに手ほどきを受けた後，醸造業のかたわら独学で研究を続け，電流と発熱量に関する「ジュールの法則」を発見し，エネルギー保存の法則の基礎を築いた。

ガイド 3　考えてみよう

❶　〔結果〕から読みとれることを整理しよう。加えた電圧が 3 V のとき，電流は 0.48 A，電力は 1.44 W である。電流による発熱量を求めるには，電力と電流を流した時間を知る必要があるが，このとき電流を流した時間は 3 分，すなわち 180 秒間である。よって，

　　1.44 W×180 s＝259.2 J

となり，発熱量は 259.2 J となる。

❷　まず，条件を整理しよう。方法Bにおける電圧は 6 V，電流は 0.97 A である。これらの情報から，電力を求めることができる。

　　6 V×0.97 A＝5.82 W

より，この場合の電力は 5.82 W である。今回，電流を流した時間は 2 分間，すなわち 120 秒間なので，発熱量は以下の式から求められる。

　　5.82 W×120 s＝698.4 J

よって，発熱量は 698.4 J となる。

テストによく出る
重要用語等

□電力量
□キロワット時
（kWh）

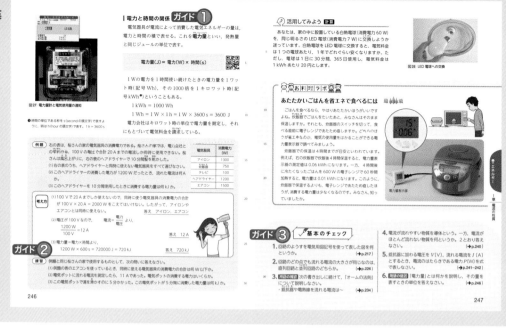

ガイド 1　電力量

　電力によって消費したエネルギーも，電力〔W〕と時間〔s〕の積によって表せる。これを電力量といい，発熱量と同じジュール（記号 J）で表す。

　　電力量〔J〕＝電力〔W〕×時間〔s〕

　1 W の電力を 1 時間使い続けたときの電力量は，ワット時（記号 Wh）で表す。1 時間は 3600 秒であるから，1 Wh は 3600 J である。また，1 ワット時の 1000 倍を 1 キロワット時（記号 kWh）と表す場合もある。

　　1 Wh＝1 W×1 h＝1 W×3600 s＝3600 J
　　1 kWh＝1000 Wh

ガイド 2　練習

(1)　100 V で 20 A までしか使えないので，同時に使える電気器具の消費電力の合計は，
　　100 V×20 A＝2000 W
　　より，2000 W。すでに使用しているエアコンの消費電力が 1500 W だから，
　　2000 W−1500 W＝500 W

　　　　　　　　　　　　　　　答え　500 W 以下

(2)　電圧が 100 V なので，
　　　　100 V×11 A＝1100 W

　　　　　　　　　　　　　　　答え　1100 W

(3)　電力量＝電力×時間より，5 分とは 300 秒だから，

　　　　1100 W×300 s＝330000 J＝330 kJ

　　　　　　　　　　　　　　　答え　330 kJ

ガイド 3　基本のチェック

1.　回路図

2.　直列回路

3.　（抵抗器や電熱線を流れる電流は）それらに加える電圧に比例する。

4.　不導体，絶縁体

5.　P〔W〕＝V〔V〕×I〔A〕

6.　電気器具が電流によって消費した電気エネルギーの量のこと。電力と時間の積で求められる。単位はジュール（記号 J）。

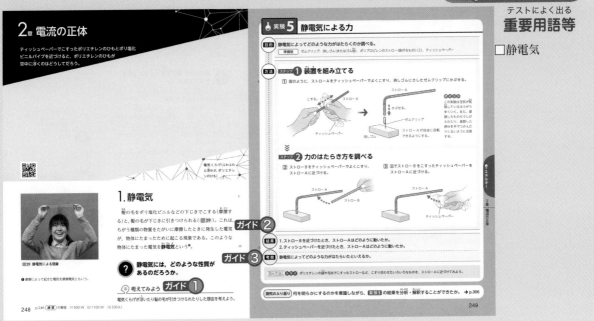

テストによく出る！

静電気　プラスチックのストローをティッシュペーパーでこすると，たがいに引き合う。これは異なる2つの物質をこすることによって2つの物質が電気を帯び，電気の力がはたらくからである。このような電気を静電気という。静電気は，乾電池から豆電球に流れる電流とちがって，物体に残ったままの状態にあるので，静かな電気(静電気)と名づけられた。

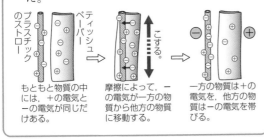

もともと物質の中には，＋の電気と－の電気が同じだけある。

摩擦によって，－の電気が一方の物質から他方の物質に移動する。

一方の物質は＋の電気を，他方の物質は－の電気を帯びる。

ガイド 1 考えてみよう

　静電気には，互いをしりぞけ合ったり，引き合ったりする力がはたらいていると考えられる。

ガイド 2 結果

1.　ストローAは，ストローBから離れていく。
2.　ストローAは，ティッシュペーパーに近づいていく。

ガイド 3 考察

　静電気には，引き合う力がはたらくときと，しりぞけ合う力がはたらくときがある。

解説 静電気の種類

　右の表のように，2つの物質を摩擦したときに，物質が帯びる電気は＋(正)と－(負)の2種類あり，＋と－は引き合い，＋どうし，－どうしはしりぞけ合う。プラスチックのスト

＋の電気	－の電気
ガラス	絹
ティッシュペーパー	プラスチック
毛皮	エボナイト
ナイロン	プラスチック
アクリル	スチロール
エボナイト	ポリエチレン
アクリル	ポリエチレン

ローどうしは，同じ－の静電気を帯びているためにしりぞけ合う。また，ティッシュペーパーは＋，プラスチックのストローは－の静電気を帯びているために引き合う。

テストによく出る
重要用語等

□ 電気力(電気の
力)

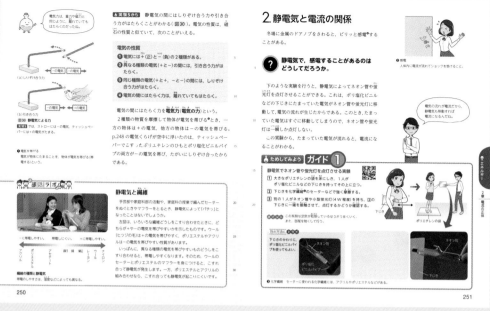

テストによく出る🔍

🔷 電気の性質
① 電気には＋(正)と−(負)の2種類がある。
② 異なる種類の電気(＋と−)の間には，引き合う力がはたらく。
③ 同じ種類の電気(＋と＋，−と−)の間には，しりぞけ合う力がはたらく。
④ 電気の間にはたらく力は，離れていてもはたらく。

解説 雷と静電気

アメリカの独立宣言の起草者の1人であるベンジャミン・フランクリン(1706 − 1790)は科学者でもあった。彼は，凧をあげて，雷の正体が電気であることを明らかにした。そして，避雷針を発明している。現在，雷発生のしくみは次のように考えられている。上昇気流によって低温の上空に達した水蒸気は，空気中のちりを核にして小さな氷の粒になる。この粒に水蒸気が水滴となってくっついて大きな粒になり，その重みで落下する。しかし，強い上昇気流があると，再び上空に舞い上がる。そして，さらに水蒸気がくっついて重くなり，落下する。このようなことをくり返しているうちに，氷の粒どうしがこすれ合って静電気が発生する。このとき，大きな粒には−の電気が，小さな粒には＋の電気が帯電する。ここでなぜ，大きな粒には−の電気が帯電し，

小さな粒には＋の電気が帯電するのかは現在のところ明らかになっていない。小さな粒は軽いので雲の上部に，大きな粒は重いので雲の下部に集まる。つまり，雲の上部は＋の電気が帯電し，雲の下部は−の電気が帯電することになる。すると，この−の電気によって，地面には＋の電気が集まってくる。雲の内部では，これ以上電気がたくわえられなくなると，−の電気は＋の電気に引かれ，雲の内部で放電現象が起こる。これが稲妻あるいは稲光である。しかし，雲と地面とがあまり離れていないときは，雲から地面に向かって放電現象が起こる。これが落雷である。落雷の害を防ぐために，高い塔や高層ビルには避雷針が設置されており，落雷を誘導し，電気を大地に流すようになっている。

ガイド1 ためしてみよう

ポリ塩化ビニルパイプを用いて実験するときには，エタノールをしみこませたティッシュペーパーでパイプをよくふいて，汚れを落としておく。発生した静電気が足から大地に逃げていくのを防ぐために，ポリエチレンの袋やゴムシートの上に立つ。
乾いたティッシュペーパーでポリ塩化ビニルパイプをこすると，パイプには−の電気がたまる。別の1人がネオン管の一方の線をもち，帯電したパイプをもう一方の線に接触させる。ネオン管を点灯させるには70 V程度の電圧が必要なので，静電気がじゅうぶんたくわえられるようにする。

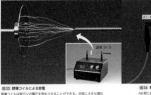

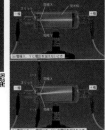

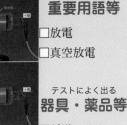

テストによく出る
重要用語等
□放電
□真空放電

テストによく出る
器具・薬品等
□誘導コイル
□クロス真空計
□放電管

図31 雷（東京都文京区）

図33 クロス真空計での放電のようす

3.電流の正体 ガイド❶

？ 放電中にはどのようなことが
起きているのだろうか。 ガイド❷

考えてみよう ガイド❸

図36 放電管と真空ポンプを使って放電のようすを調べる装置

ガイド❶　放電

　冬，ドアノブに手を触れたとき，パチッという音とともに，痛い思いをした経験はだれにでもあるであろう。そして，ときには青い火花を目にしたこともあるであろう。これは静電気の放電現象である。

　空気が乾燥しているときには，人体には＋の電気がたまりやすいが，ウールや毛皮でできた洋服を着用しているとさらにたまりやすくなる。＋の電気を帯びた指先をドアノブに近づけると，ドアノブの表面には－の電気が誘導されて集まる。そして，人体とドアノブ間には数千〜数万 V もの電圧がかかり，ドアノブから手のほうに－の電気が一気に移動して，手に衝撃が走るのである。

ガイド❷　真空放電

　気圧を低くした気体の中で，電流が流れる現象を真空放電という。

　クロス真空計は，内部の気体の圧力が異なる放電管を，5〜6 本とりつけたもので，圧力のちがいで，放電のしかたがどうちがうかを観察することができる。

　教科書 p.252 図 33 のように，0.05〜0.00004 気圧までの放電管に誘導コイルで高い電圧をかけると，圧力の高いほうから，青紫色〜黄緑色まで，放電の際に発生する色が変わることが観察できる。教科

書 p.253 図 36 のように，放電管に真空ポンプをつないで，圧力を変えながら電圧を加えていくと，この変化を連続的に観察できる。

ガイド❸　考えてみよう

　十字板を入れた，内部の気体の圧力が非常に小さい放電管に，誘導コイルで電圧を加える。十字板を＋極側にしたとき，影ができるが，十字板を－極側にすると，影はできない。このことから，以下のことがわかる。

❶ 電流のもとになるものは，－極から出て，＋極に向かって流れる。

❷ ＋極に引きつけられるので，－の電気をもっている。

　教科書 p.253 図 35 のように，－から＋に向かう向きに平行な電極 X，Y を入れた放電管では，電気の流れが，電極 X，Y の＋極側に曲がる。このことからも，放電管内の電流は，－の電気をもったものだとわかる。

テストによく出る
重要用語等

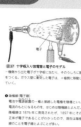

☐ 陰極線（電子線）

☐ 電子

☐ 電気的に中性

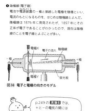

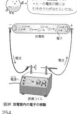

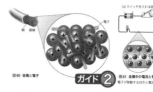

テストによく出る

電子の性質

① 質量をもつ非常に小さな粒子である。

② −（負）の電気をもっている。

ガイド 1　電流と電子の移動

ふつう，物質をつくっている原子は，＋の電気も−の電気も帯びていない。原子は，＋の電気をもつ原子核と，−の電気をもつ電子からなり，＋と−の電気の量が等しいからである。これを電気的に中性という。

しかし，ほかの物質とこすり合わせたり，電圧をかけたりすると，原子から−の電気をもった電子がはなれ，残りは−の電気が少なくなって，＋の電気を帯び，はなれた電子がくっついた原子は電子が多くなって−−の電気を帯びる。

すべての物質の中に電子があるが，金属は，一部の電子が自由に動き回っている（自由電子）ので，とくに電子がはなれやすい性質をもっている。

そのため，金属の両端を乾電池の＋極と−極につなぐと，電圧がかかり，金属の中の電子がいっせいにはなれて，＋極側へ移動していく。これが電流であり，金属が電気を通しやすい理由である。

ガイド 2　考えてみよう

金属に電圧が加わっていないときは，教科書p.255図41の左図のように，電子はいろいろな向きに動き回っているが，電圧が加わると，右図のようにいっせいに＋極のほうへ動き出す。

ガイド 3　原子と電子の関係

原子は，原子核（陽子・中性子）と電子からできている。電子の質量は原子の質量よりはるかに小さく，水素原子のおよそ1800分の1で，原子核のまわりを飛び回っている。

解説　陰極線

1876年，−極（陰極）から出た放射線が，蛍光面に当たると影をつくることから，ドイツの物理学者ゴルトシュタインによって，陰極線と名づけられた。

その後，陰極線は非常に小さな質量をもった粒子によるものであることがつきとめられ，この電気の粒は，電子と名づけられた。このため，現在では，陰極線は電子線とよばれる。

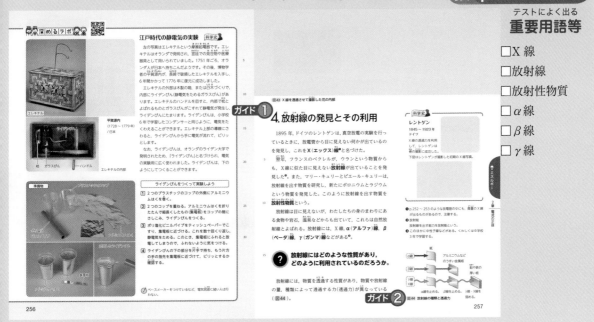

テストによく出る
重要用語等

□X線
□放射線
□放射性物質
□α線
□β線
□γ線

ガイド 1　放射線を発見した研究者たち

　ドイツのレントゲンが X 線を発見したのは 1895 年のことである。当時，放電管を使って陰極線の研究をしていたレントゲンは，放電管から未知の何かが出ていることに気がついた。このとき，未知の何かが紙や木を透過する一方で，人の骨や鉛は透過しないこともわかった。そこで，レントゲンがこの未知の何かを妻の手に 15 分間あててみたところ，手の骨と金属の指輪のみが映った写真がとれたという。レントゲンは，この未知の何かを X 線と名づけた。すると，X 線発見の知らせは世界的なニュースとなった。レントゲンは，1901 年に第 1 回ノーベル物理学賞を受賞している。

　ベクレルは，レントゲンによる X 線の発見(1895年)に衝撃を受け，蛍光と X 線の関係を研究中に，ウラン鉱から出る放射線を検出(1896 年)した。キュリー夫妻は，ベクレルが発見したウランの放射能を研究するうち，トリウムにも同じ放射能を発見，その後，放射性を出すポロニウムとラジウムを発見(1898 年)し，キュリー夫妻はベクレルとともにノーベル物理学賞を受賞(1903 年)した。

ガイド 2　放射線の種類

　放射線についてくわしくいうと，高いエネルギーをもち高速で移動する粒子(粒子線)と，高いエネルギーをもつ電磁波(光のなかま)からなっている。

　教科書では，X 線，α 線，β 線，γ 線の 4 種類が挙げられているが，このうち α 線と β 線が粒子線であり，X 線と γ 線が電磁波である。

　放射線には，物質を透過する能力(透過力)があるが，種類によって透過を止める方法もある。α 線は紙 1 枚で止めることができる。β 線はアルミニウムなどの金属板で止めることができる。γ 線や X 線はどちらも鉛や鉄の厚い板で弱めることができる。

　以上紹介したもの以外にも，放射線には中性子線とよばれるものもある。中性子線は粒子線に分類されるものであり，水素をたくさんふくむ物質(水やコンクリート)で止めることができる。

　放射線の単位にはおもに，放射線を出す能力(放射能)を表す「ベクレル」と，人体への影響を表す「シーベルト」の 2 つがある。どちらも放射線に関する研究者の名前からとられている。

ガイド 1　放射線の利用

　放射線の利用は，レントゲン写真やＣＴスキャン，がんなどの治療といった医療分野だけでなく，農業や工業など幅広い分野で行われている。

　教科書には自動車のタイヤの性質を強くするために放射線を使う例が載っているが，このほかにも，プラスチックの容器を熱に耐えられるようにする，テニスラケットのガットをボールがよくとぶように弾力を強くする，といった目的で使用されている。

　農業に関しては，日本の場合，ジャガイモに放射線を当てることで芽の発生をおさえて長持ちさせる工夫があるが，海外ではタマネギやニンニクの発芽や発根をおさえるために使うこともある。また，香辛料など加熱すると風味が失われる食品についても，放射線を殺菌のために使っている国もある。

　検査の分野では，構造物の内部など外からは検査することがむずかしい部分を調べる「非破壊検査」に用いられる例がある。

ガイド 2　基本のチェック

1.　(例)ティッシュペーパーでこすったことで，ポリエチレンのひもに電気がたまった状態になり，ひもどうしでは，たまった電気は同じ(−の)電気となるため，しりぞけ合ったから。

2.　(例)電気が空間を移動したり，たまっていた電気が流れ出したりする現象。

3.　(例)電子は−極から＋極に向かう。一方，電流は＋極から−極に流れる。

4.　放射線

5.　(例)物質を透過する性質が利用されている。

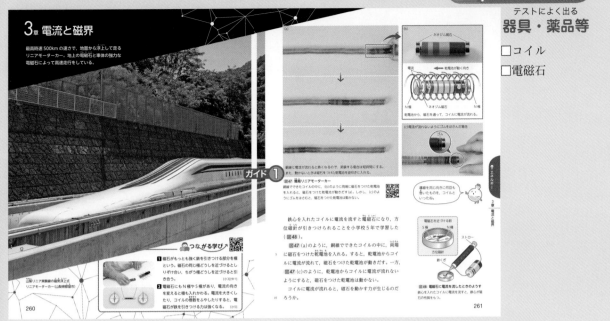

ガイド 1　簡易リニアモーターカー

　時速 500 km をこえるスピードで走ることができるリニアモーターカーだが，教科書 p.261 図 47 のように，そのしくみは手軽に再現することができる。
　走らせたいもの(教科書では乾電池)が電流を通すものであること，磁石とつねに接している状態であること(磁石のレールを作る方法もある)，走らせるレールに電流を流し続けることができれば，電流とそれによって生じる磁力によって，ものをレール上に走らせることができる。

解説　リニアモーターカー

　コイルに磁石が近づいたり，遠ざかったりするとコイルに電流が流れる性質がある。これを電磁誘導という。また，コイルに電流が流れると，コイルは電磁石になる性質がある。
　車両に搭載した超電導磁石が近づくと，進行方向右側のガイドウェイに設置された浮上・案内コイルに電流が流れ，コイルは電磁石になる。上下のコイルは巻き方が逆で，教科書 p.267「深めるラボ」の図のように，N極が近づくと，上のコイルはS極になり，車両を引き上げる力がはたらく。下のコイルはN極になり，車体を押し上げる力がはたらく。
　超電導磁石が遠ざかると，コイルには逆向きの電流が流れ，上のコイルがN極，下のコイルはS極になる。車両上の2番目の超電導磁石は1番目の超電

導磁石とは極が反対に設置されている。そのため，S極が近づいて，コイルにできる磁力は強くなり，やはり浮上する力が生じる。3番目以降の超電導磁石についても同様である。また，進行方向左側でも同じしくみで浮上する力を得ている。
　一方，電流を流したときにできる極のNとSが交互になるように推進コイルが設置されている。1番目の超電導磁石のS極が近づくとN極と引き合う力がはたらき，次のS極とはしりぞけ合う力がはたらく。2番目の超電導磁石のN極が近づくとS極と引き合う力がはたらき，次のN極とはしりぞけ合う力がはたらく。3番目以降の超電導磁石についても同様である。このようにして，リニアモーターカーは推進力を得ている。

出典：リニア中央新幹線ホームページ

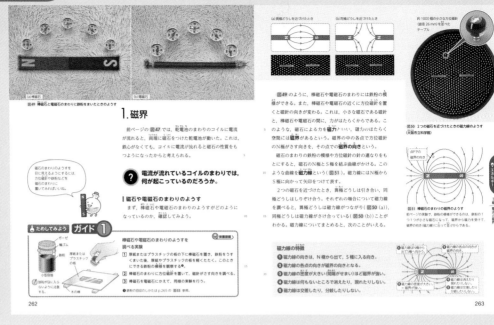

テストによく出る
重要用語等

□磁力
□磁界
□磁界の向き
□磁力線

ガイド 1 ためしてみよう

　厚紙やプラスチックの板の下に棒磁石や電磁石を置き，鉄粉をうすくまいたあと，厚紙やプラスチックの板を軽くたたくと，鉄粉が模様をつくる。この模様が磁界のようすを表している。

解説 方位磁針

　方位磁針が北をさすのは，地球自体が1つの大きな磁石であり，北極側にS極，南極側にN極があるからである。この極のS極は，地軸上にある北極点とずれている。N極と南極点についても同様である。

　地球のもつ磁力を地磁気というが，この地磁気の向きは一定ではなく，つねに変化している。これは，岩石中に残されている地磁気の痕跡からわかったことである。今から78万年前には，現在とは逆に，北極側にはN極，南極側にS極があったという。

　現在，東京では，方位磁針がさす方向は真北より7度ほど西であるが，伊能忠敬が羅針盤を用いて日本地図を作製した200年ほど前はほぼ真北をさしていたということである。

テストによく出る 🔍

● **磁力**　棒磁石や電磁石の近くに方位磁針を置くと，磁針の針が動いて，ある向きをさして止まる。これは棒磁石や電磁石が，磁針の針に力をおよぼしたからで，このような力を磁力という。

● **磁界**　棒磁石や電磁石のまわりのように，磁力がはたらく空間を磁界という。磁界のようすは，磁界の強さと磁界の向きとで表される。その場所に置いた磁針が受ける力の大きいところは，磁界が強い。

● **磁界の向き**　磁界の中に置いた磁針のN極がさす向きを磁界の向きという。

● **磁力線**　棒磁石の磁界の向きを磁針で調べていくと，N極とS極を結ぶ曲線をかくことができる。このような曲線を磁力線という。

　磁力線には，N極からS極に向かって矢印をつける。この矢印の向きは，その点での磁界の向きを示す。磁極の近くのように，磁力線の間隔がせまく，密になっているところほど磁力が強く，逆に磁力線の間隔が広く，疎になっているところほど，磁力は弱い。また，磁力線は消えたり現れたり，交差したり分岐したりしない。

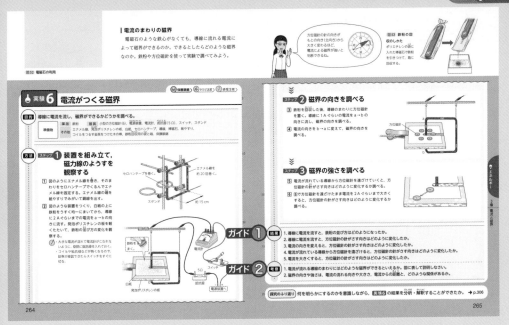

ガイド 1 結果

1. 導線のまわりに，同心円状に鉄粉の模様ができた。

2. aからbへ電流を流すと，方位磁針のN極が導線のまわりを右回りになるようにさした。

3. bからaへ電流を流すと，方位磁針のN極が，導線のまわりを左回りになるようにさした。

4. 導線から方位磁針を遠ざけると，磁針のN極は，北をさした。

5. 導線から方位磁針を遠ざけたまま，電流を大きくすると，磁針のN極は，2や3と同じようにさした。

ガイド 2 考察

1. 下図

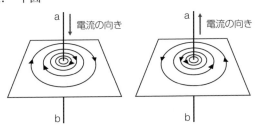

2. 電流の流れる向きを右ねじが進む向きとすると，磁界の向きは，右ねじの回転する向きになる。電流が大きいほど，また電流からの距離が近いほど，磁界も強くなる。

解説 右ねじの法則

アンペールは図1のように，親指の向きに電流が流れると，他の4本の指の向きが磁界の向きになるように，同心円状に磁界ができることを発見した。

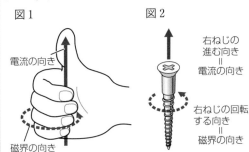

これは「右ねじの法則」とよばれることが多く，右ねじを使って説明される。右ねじは，右に回すと進み，左に回すともどる。図2のように右ねじを回すと，ねじは上に進む。この右ねじの進む向きが，電流が流れる向きであり，右ねじが回転する向きが，電流のまわりにできる同心円状の磁界の向きである。電流が逆向きのときは，右ねじをその向きに進めるためには，右ねじを図とは逆向きに回転させることになり，図とは逆向きの磁界ができることになる。

どちらの考え方でも同じ結果が得られるので，どちらでも理解しやすいほうを覚えればよい。

エネルギー

145

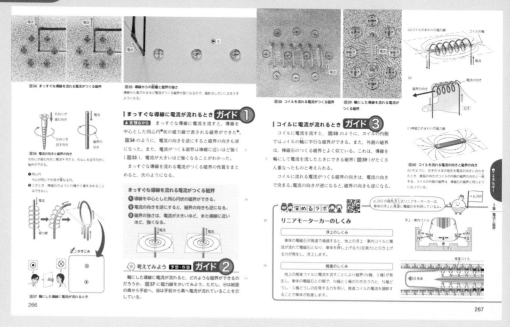

ガイド 1　まっすぐな導線を流れる電流がつくる磁界

まっすぐな導線を流れる電流がつくる磁界の性質は，次のようになる。

① 導線を中心とした同心円状の磁界ができる。

② 電流の向きを逆にすると，磁界の向きも逆になる。

③ 磁界の強さは，電流が大きいほど，また導線に近いほど，強くなる。

ガイド 2　考えてみよう

輪にした導線に電流を流すと，教科書 p.264 実験6で見たように，向きの反対な同心円状の磁界ができる(図ア)。導線をコイルにすると，輪にした導線に電流を流すときの磁界がたくさん重なったようになり，コイルの内側では，コイルの軸に平行な磁界ができる(図イ)。

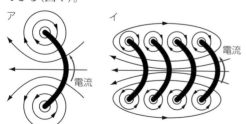

ガイド 3　コイルに電流が流れるとき

コイルを流れる電流がつくる磁界の向きは，電流の向きによって決まる。

右手の4本指を電流の向きに合わせたとき，コイルの軸の内側にできる磁界の向きは，親指の向きになる。

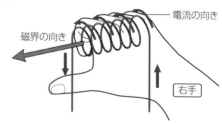

また，コイルの中に鉄心を入れ電流を流したときにできる磁界は図1のようになる。これは，図2の棒磁石がつくる磁界と同じになる。このように，コイルの中に鉄心を入れ電流を流すと電磁石になるのである。

図1　　　　　　　　　　図2

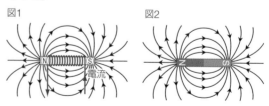

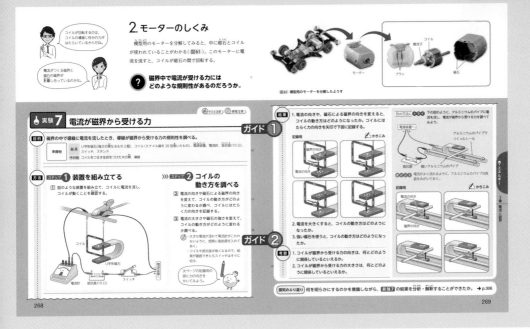

ガイド 1 結果

1. 下図

2. コイルの動き方は大きくなった。
3. コイルの動き方は大きくなった。

ガイド 2 考察

1. コイル(導線)が磁界から受ける力の向きは，電流の向きと磁界の向きに関係し，それぞれと垂直な向きにはたらいている。
2. コイル(導線)が磁界から受ける力の大きさは，電流の大きさと磁界の強さに関係し，電流が大きくなると力は大きくなり，磁界が強くなると力は大きくなる。

解説 電流の向きと力の向き

電流の向きとコイルにはたらく力の向きとの関係は，次のように考えるとよい。

図1は，U字形磁石による磁界と，コイルを流れる電流による磁界を示している。この図で，電流は紙面の奥から手前に流れており，コイルのまわりに左回りの磁界をつくっている。コイルの左側では，2つの磁界の向きが同じになるので，磁界は強くなり，磁力線が密になる。コイルの右側では，2つの磁界の向きが逆になるので，磁界が弱くなる。そのため，図2のように，磁界の強いほうから，弱いほうの向きに力がはたらき，コイルは右のほうへ動く。これは，満員電車の中から人が押し出されるようすに似ている。

図1　　　　図2

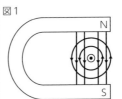 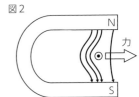

このことからわかるように，教科書 p.268，ステップ2の②で，電流の向きや磁石の向きを変えると，磁界の向きが変わるので，コイルの受ける力の向きもそのたびに逆向きになる。同じくステップ2の③で，電流の大きさを大きくすると，磁界の強さも強くなるので，コイルの受ける力も大きくなる。また，磁石を強くすると，磁界も強くなるので，同様にコイルの受ける力も大きくなる。

つまり，電流が磁界から受ける力の大きさは，関係する磁界の強さによって決まるのである。

器具・薬品等

□モーター(電動
機)

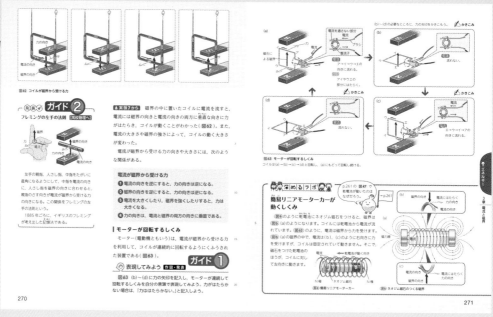

ルは一定の向きに回転し続ける。

テストによく出る🔍

● **電流が磁界から受ける力**　流れる電流の向き
や大きさ，まわりの磁界の向きや強さに関係
している。
　①電流の向きを逆にすると，力の向きは逆に
　　なる。
　②磁界の向きを逆にすると，力の向きは逆に
　　なる。
　③電流を大きくしたり，磁界を強くしたりす
　　ると，力は大きくなる。

ガイド ① 表現してみよう

(b)と(d)：力ははたらかない。

　(c)：アイやウエの部分にはたらく。

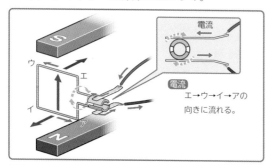

電流

電流
エ→ウ→イ→アの
向きに流れる。

(例)　コイルが(a)，(c)の位置にあるとき，コイルの
上側の導線には，奥向きの力がはたらき，コイルの
下側の導線には手前向きの力がはたらくので，コイ

ガイド ② **フレミングの左手の法則**

　電流の向き，磁界の向き，力のはたらく向きを，
左手の中指，人さし指，親指で表したものを，フレ
ミングの左手の法則といい，次のようになる。

①　右ねじの法則により，電流の
　進む向きに対して右回りの磁界
　が発生する。

②　磁石の磁界は，N極からS極
　への向きである。

③　電流による磁界と，磁石によ
　る磁界で，磁力線が密と，疎な
　ところができる。

密
疎

④　力は，磁力線の密なところか
　ら，疎なところへ向かってはた
　らく。

⑤　これを左手の中指，人さ
　し指，親指で表す。
　　この順に「電・磁・力」
　と覚えるとよい。

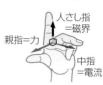

人さし指
=磁界
親指=力
中指
=電流

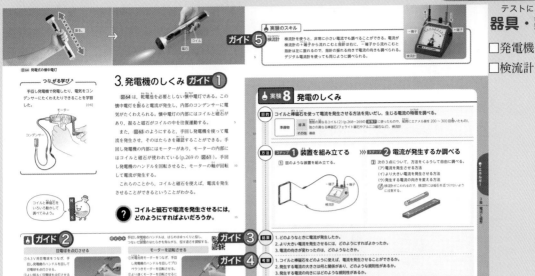

ガイド ① 発電機のしくみ

手回し発電機の中には導線を巻いたコイルが入っており，ハンドルを回転させると，磁界の中をコイルの軸が回って，電流が発生する。

自転車の発電機も同じしくみで，コイルの軸を回転させることで，電流が発生する。

教科書 p.268 実験 7 では電流を流すとコイルが動いたが，逆にコイルを動かすことで電流が発生する。手回し発電機はこのしくみを利用したものである。

ガイド ② 手回し発電機

手回し発電機で，豆電球を点灯させるとき，ハンドルを速く回すと，より大きい電流が流れ，豆電球を明るくすることができる。

2 台の手回し発電機をつないで，一方のハンドルを回すと，他方のハンドルが回る。また，手回し発電機のハンドルを逆に回すと，他方のハンドルも逆に回る。これは，ハンドルを回す向きによって，電流の流れる向きが変わるからである。

ガイド ③ 結果

1. 棒磁石をコイルに出し入れしたときと，棒磁石にコイルを近づけたり遠ざけたりしたとき。
2. 棒磁石を速く動かしたり，磁力の強い棒磁石や，

巻数の多いコイルを使うと，より大きな電流が流れる。

3. 次の表のように，コイルの中に棒磁石を入れるときと出すとき，また，棒磁石の極を変えたときに電流の向きが変わる。

実験例	入れたとき	入れたまま	引き出すとき
N極を	右に振れた	振れない	左に振れた
S極を	左に振れた	振れない	右に振れた

ガイド ④ 考察

1. コイルに棒磁石を出し入れすると，電流が発生する。また，棒磁石を固定して，コイルを近づけたり遠ざけたりしても電流が発生する。
2. 棒磁石やコイルの動きが速いほど，棒磁石の磁力が強いほど，またコイルの巻数が多いほど，より大きい電流が流れる。
3. 磁石をコイルに入れるときと出すときや，磁石にコイルを近づけるときと遠ざけるとき，磁石の極を逆にするとき，電流の向きは逆になる。

ガイド ⑤ 検流計

電流計で計測できない小さい電流や，電流の向きを調べるときは，検流計を用いる。

□電磁誘導
□誘導電流

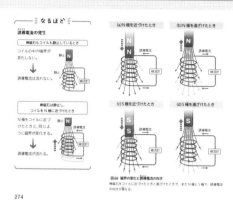

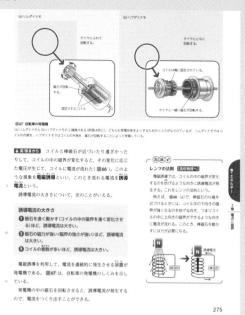

解説 磁界の変化と電磁誘導

　コイル内に磁界があり，その磁界の強さが変化しようとすると，磁界の変化を妨げるように，コイル内に電圧が生じ，電流が流れる(これをレンツの法則という)。このような現象を電磁誘導といい，生じた電流を誘導電流という。

　下図のように，コイルと棒磁石を置く。コイルの中には棒磁石による磁界ができている。この磁界の向きは，棒磁石からコイルに向かう向きである。

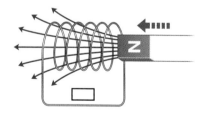

① 棒磁石をコイルに近づけるとき

　棒磁石を近づけると，コイル内の磁界は強くなってくる。すると，レンツの法則により，コイル内の磁界を弱くしようとする電流が流れる。コイル内の磁界を弱めるには，コイルから棒磁石に向かう向きに磁界をつくればよい。つまり，コイルの右側がN極になるように電流が流れるのである。

　図の□□の部分で電流が右向きに流れると，コイルの右側がN極になることは，右ねじの法則を適用すれば容易にわかる。

　よって，この図のコイルでは，N極を近づけると，□□の部分で右向きの電流が流れる。

② 棒磁石をコイルから遠ざけるとき

　棒磁石を遠ざけると，コイル内の磁界は弱まってくる。すると，レンツの法則により，コイル内の磁界を強める向きに電流が流れる。つまり，コイルの右側がS極になるように，□□の部分で左向きの電流が流れる。

テストによく出る

◆ **誘導電流の大きさ**　次の3つの条件を変えると，誘導電流の大きさが変わる。

誘導電流の大きさ	小さくなる	大きくなる
磁石を動かす速さ	ゆっくり動かす	速く動かす
磁石の磁力	弱い磁石	強い磁石
コイルの巻き数	少ない	多い

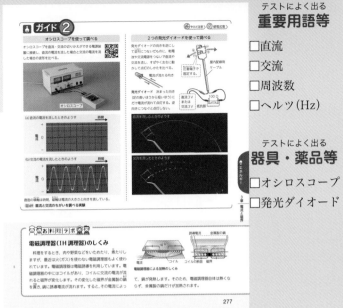

テストによく出る
重要用語等

□直流

□交流

□周波数

□ヘルツ（Hz）

テストによく出る
器具・薬品等

□オシロスコープ

□発光ダイオード

ガイド① 直流と交流

　発電機は，磁石またはコイルを回転させることによって発電しているので，教科書 p.277 図69 に見るように，一定の周期で電流の向きと大きさが変わる。このような電流を交流という。

　電流の流れる向きが1秒間に変化する回数を周波数という。周波数の単位はヘルツ（記号 Hz）を使う。日本では，東日本では 50 Hz，西日本では 60 Hz の交流が使われている。そのため，電気機器の種類によっては，そのまま使用できないものもある。このような周波数のちがいが生じたのは，明治時代に電気事業が始まったとき，東日本の電力会社はドイツから 50 Hz の発電機を輸入し，西日本の電力会社ではアメリカから 60 Hz の発電機を輸入したためである。

　発電所で発電された電気は送電線で送られる。送電線には銅が使われている。銅は電気が流れやすい物質であるが，それでも電気抵抗はあるので，長距離を送電すると送電線から熱が発生し，送電する電力のロスが生じる。送電線の抵抗の大きさを R，流れる電流の大きさを I とすると，電圧の大きさ $V=RI$ だから送電線で失う電力 P_1 は $P_1=VI$ に $V=RI$ を代入して，$P=RI^2$〔W〕であるから，I が小さいほどロスが少なくなる。一方，送電線で送る電力は R にかかわらず $P_2=VI$〔W〕で示されるから，I を小さくするには V を大きくすればよいこと

がわかる。そのため，電気は高電圧で送られている。

　発電所から送り出される電気は 15 万 4000〜50 万 V という電圧であり，それが変電所では 7 万 7000 V まで下げられて送電される。さらに，都市部近郊の変電所で 6600 V に下げられ，わたしたちの家の近くまで送電されている。そして，それが 100 V に下げられて，各家庭に供給されている。

　電気機器よっては，電流が一方だけに流れる直流を必要とするものもある。各家庭のコンセントに来ている電気は交流なので，そのようなときは，AC アダプターを用いて交流を直流に変換し，また，電圧を下げている。

ガイド② オシロスコープ

　オシロスコープは，電気信号の変化を表示する計測機器で，縦軸には電流の大きさと向きを，横軸には時間をとって，電圧の変化を観察することができる。

　オシロスコープで，直流の電流を観察すると，電圧が一定であるため，直線に見える。

　一方，交流の電流を観察すると，電流の大きさと向きが一定の周期で変わるため，波形に見える。

エネルギー

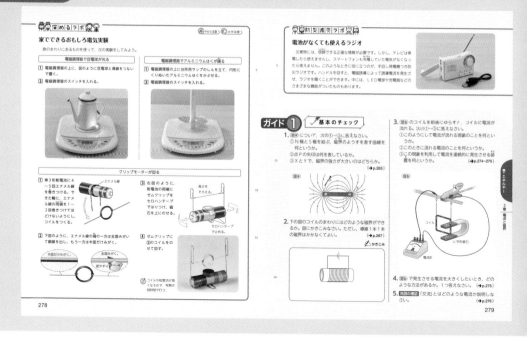

解説 電磁調理器(教科書 p.277)

電磁調理器(IH調理器)は，火を使わずに加熱することのできる調理器具である。ここにも，電流と磁界のはたらきが利用されている。

電磁調理器の中にはコイルが入っている。このコイルに外部から交流を流すしくみになっている。交流も電流の一種なので，コイルのまわりに磁界ができる。

交流は，向きや大きさが周期的に変わる電流であるため，コイルにできる磁界も周期的に変化する。これによって，磁界では電磁誘導がおこる。このとき，磁界のなかにある金属，すなわち調理器に置いた鍋に，誘導電流が流れる。

この誘導電流は，鍋のなかで完結するものであり，鍋のもつ電気抵抗によって熱を発生させる。この熱で，火を使うことなく加熱調理をすることができるしくみになっているのである。

このように，電磁誘導はわたしたちの身近な場面にも活用されているのである。

ガイド 1 基本のチェック

1. ①磁力線

　②点Pでの磁界の向き

　③X(磁力線の密度が大きいから)

2. 下図

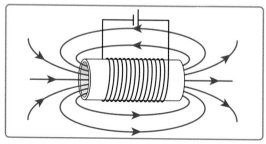

3. ①電磁誘導

　②誘導電流

　③発電機

4. (例)コイルを速くゆらす。より強力な磁石を使う。コイルの巻数をふやす，など。

5. (例)向きと大きさが周期的に変わる電流。

1 かずやさんは，直列回路全体の電気抵抗について調べるため，次の実験を行った。なお，電熱線Xは，加える電圧と流れる電流の関係を調べる実験を先に行っており，その結果は下表のようになっていた。

表　電熱線Xについての実験の結果

電圧〔V〕	0	1.0	2.0	3.0	4.0	5.0	6.0
電流〔A〕	0	0.5	1.0		2.1	2.4	3.0

[実験] [準備物]　電熱線X，抵抗器Y，電源装置，電流計，電圧計，スイッチ，導線

[方法]　図1のような回路をつくり，電源装置の電圧を10.0Vにして，電熱線Xの両端につないだ電圧計が示す値を調べる。

[結果]　電熱線Xにつないだ電圧計の目盛りは，図2のようになった。

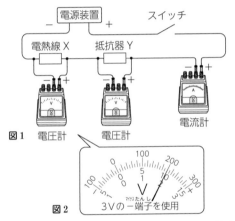

図1　電圧計　電圧計　電流計

図2　3Vの－端子を使用

実験を終えて，かずやさんはさゆりさんと話をして，電熱線Xについて考察した。

かずや：電熱線Xを調べた結果の表をもとにグラフをかいてみると，電熱線Xに加わる電圧と流れる電流の間に 〔A〕 の関係があり， 〔B〕 の法則が成り立っていることが確かめられたよ。

さゆり：グラフから，測定値にわずかな誤差はあるものの，表の空欄には 〔C〕 が入ると考えられ，電熱線Xの電気抵抗が 〔D〕 Ωと計算できたよ。

【解答・解説】

(1)
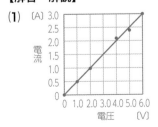

電流の大きさは電圧の大きさに比例するためグラフは右肩上がりの直線となる。表を見ながらグラフを作図する。

(2)　**A…比例**

　　B…オーム

　　C…1.5

　　D…2

　A，B…電熱線を流れる電流の大きさは電圧の大きさに比例する。これをオームの法則とよぶ。

　C…オームの法則より電圧が3倍になれば電流も3倍になる。電圧が1Vのときの電流は0.5Aなので電圧が3Vのときの電流は

　　0.5A×3＝1.5A

　　である。

　D…電熱線Xに加わる電圧が1.0Vのとき，流れる電流は0.5Aである。オームの法則より電熱線Xの電気抵抗は

　　1.0V÷0.5A＝2Ω

　　である。

(3)　**電圧…8.0V**

　　理由…電熱線Xと抵抗器Yに加わる電圧の和が電源装置の電圧に等しいから。

　直列回路において，各抵抗器にかかる電圧の和は回路全体の電圧の大きさと等しくなる。図2より電熱線Xに加わる電圧の大きさは2.0V，回路全体の電圧の大きさは10.0Vなので，抵抗器Yに加わる電圧は，

　　10.0V－2.0V＝8.0V

　　である。

(4)　**1.0A**

　直列回路において，回路を流れる電流の大きさはどこも一定である。

　表から電熱線Xに2.0Vの電圧が加わるとき，流れる電流は1.0Aだとわかるので，回路全体を流れる電流の大きさも1.0Aである。

(5)　**10Ω**

　(3)(4)より回路全体に加わる電圧は10.0V，流れる電流は1.0Aである。

　オームの法則よりこの回路全体の電気抵抗は，

　　10.0V÷1.0A＝10.0Ω

　　である。

(6)　8 Ω

　　(3)，(4)より抵抗器Yに加わる電圧は 8.0 V，流れる電流は 1.0 A である。

　　オームの法則より抵抗器Yの電気抵抗は，

　　8.0 V÷1.0 A＝8.0 Ω

　　である。

(7)　ウ

　　並列に抵抗をつなぐと，回路全体の抵抗はそれぞれの抵抗より小さいものとなる。

直列回路
- 電流　どこでも同じ大きさ
- 電圧　各部分の電圧の和が回路全体の電圧に等しい
- 抵抗　各抵抗の大きさの和が回路全体の抵抗の大きさに等しい

並列回路
- 電流　各抵抗を流れる電流の大きさの和が回路全体の電流の大きさに等しい
- 電圧　どこでも同じ大きさ
- 抵抗　抵抗の大きさが R_1，R_2 の抵抗器を並列につないだとき，回路全体の抵抗の大きさは $\dfrac{1}{R_1}+\dfrac{1}{R_2}$ になる

---

2 たいちさんは，電流による発熱量を調べるために次の実験を行った。

実験　[準備物] 電熱線，ビーカー，温度計，電源装置，電流計，スイッチ，スタンド，導線，発泡ポリスチレンの容器

[方法]　下図のような装置で 100 g の水をビーカーに入れ，5.0 V で 10.0 W の電力を消費する電熱線に電流を流して，1分ごとに水温を測定した。

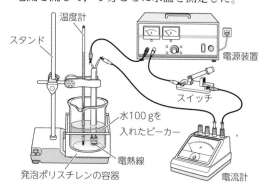

[結果]　下表のようになった。

時間〔分〕	0	1	2	3	4	5
水温〔℃〕	25.0	26.0	27.1	28.1	29.0	30.0

【解答・解説】

(1)　2 A

　　いっぱんに電流が一定時間に電気エネルギーによって光や熱を発生させたり，物体を動かしたりするはたらきは，電力という量で表され，単位にはワット（W）を使う。また，電力 P(W)・電圧 V(V)・電流 I(A) の間には，$P=VI$ という関係性がある。

　　電熱線は 5.0 V で 10.0 W の電力を消費するので求めたい電流の大きさ I は，

　　10.0 W＝5.0 V×I

　　I＝2.0 A

　　である。

(2)　2.5 Ω

　　オームの法則より，

　　5.0 V÷2.0 A＝2.5 Ω

　　である。

(3)　約 1 ℃

　　表より，1分経過するごとに水の温度が約 1.0℃上昇していることが読みとれる。

(4)　600 J

　　電気器具が電流によって消費した電気エネルギーの量は，電力と時間の積で表され，これを電力量とよぶ。単位にはジュール（J）を使う。また，電力量 Q(J)・電力 P(W)・時間 t(秒) の間には，$Q=Pt$ という関係性がある。

　　電熱線は 10.0 W の電力で 60 秒間電流を流すので求めたい電力量は，

　　Q＝10.0 W×60 秒

　　Q＝600 J

　　である。

(5)　約 35.0 ℃

　　(4)の $Q=Pt$ より，電力が2倍になると消費する電力量も2倍になり，水の上昇温度も2倍になる。

　　表より，電力 10.0 W のときに水は5分間で 5.0℃上昇している。よって電力 20.0 W のときには水は 10.0℃上昇するため，5分後の水温は約 35.0℃となる。

3まりなさんは，家で使っている電気器具の消費電力（100 Vで使用）の表示を調べる課題で，下表のように結果をまとめた。その表を見ながら，まりなさんとつよしさんは話をした。

まりな：蛍光灯スタンド（けいこうとう）は，電流によって発生する A を利用している電気器具といえるね。わたしの家では，a電気代のことを考えて白熱電球はもう全部LED電球にかえたし，蛍光灯も近いうちにLED電球にかえることにしているよ。

電気器具	消費電力〔W〕
蛍光灯スタンド	20
テレビ	120
炊飯器	1500
電気ポット	900
トースター	1000
扇風機	30
ヘアドライヤー	1200

つよし：電流によって発生する熱を利用している電気器具は B だね。

まりな：b熱を利用している電気器具には，表からわかる共通点があるよね。

つよし：家のコンセントにつなぐ電気器具には，ふつう100 Vの電圧が加わるから，流れる電流がもっとも大きい電気器具は C ということになるね。

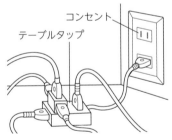

コンセント
テーブルタップ

まりな：コンセントといえば，cテーブルタップを使って，1つのコンセントにたくさんの電気器具をつないで同時に使用すると危険だと聞いたことがあるけれど……。

つよし：たこ足配線といわれるものだね。その理由は，d家の中の電気器具がたがいに並列につながるように配線されていることから考えればわかるよ。

【解答・解説】

(1) イ

蛍光灯スタンドは，光によりまわりを照らすための電気器具である。

(2) 小さい

LED電球は白熱電球に比べて消費電力が小さいため，電気代の節約にもなるし省エネである。

(3) 炊飯器（すいはんき），電気ポット，トースター，ヘアドライヤー

これらの電気器具はすべて，熱を発生させるものである。

(4) （例）消費電力が大きい。

表を見ると，ほかの電気器具に比べて，熱を発生させて利用する電気器具の消費電力は，明らかに大きいことがわかる。

(5) 名前…炊飯器

電力量…450万J

$P=VI$（つまり $I=\dfrac{P}{V}$）より，電圧が一定の場合消費電力が大きいほど流れる電流は大きくなる。

電力量は $Q=Pt$ で求めることができるので求めたい電力量は，

$Q=1500(\mathrm{W})\times(50(分)\times60(秒))$

$Q=4500000(\mathrm{J})$

である。

(6) 122400 J

(5)と同様に，

電気ポットの電力量は，

$Q=900(\mathrm{W})\times(2(分)\times60(秒))$

$Q=108000(\mathrm{J})$

テレビの電力量は，

$Q=120(\mathrm{W})\times(2(分)\times60(秒))$

$Q=14400(\mathrm{J})$

よって求めたい電力量は，

$108000(\mathrm{J})+14400(\mathrm{J})=122400(\mathrm{J})$

である。

(7) （例）テーブルタップにつないだ電気器具にそれぞれ流れる電流の和の大きさの電流が，コンセントにつながる導線に流れ，発熱によって火災になることがあるから。

テーブルタップにつないだ電気器具は並列（へいれつ）に接続されており，それぞれ100 Vの電圧が加わる。テーブルタップにつなぐ電気器具がふえすぎるとそれぞれの電流の合計がテーブルタップのコードを流れ，ある決められた値（あたい）より大きい電流が流れると発熱したり焦（こ）げたりして火災につながる可能性がある。またコードをたばねるとさらに熱くなりやすくて危険である。

(8) (例)電気器具をいくつか同時にコンセントにつなぐとき，1つの器具のスイッチを切っても，ほかの器具は使えるから。

　　もし，屋内配線が直列回路であれば，1つの電気器具のスイッチを切ったとたんに屋内全ての電気器具のスイッチも切れてしまう。これを防ぐために屋内回線は並列回路である。

---

④かなこさんは，静電気の性質を調べるため，次のような手順で実験を行った。

[手順1] 細くさいたポリエチレンのひもを，ティッシュペーパーで図1のようにこすった。

[結果] 図2のように，ひもが大きく広がった。

同じ向きに強くこする。
ティッシュペーパー
ポリエチレンのひも
図1　　　図2

[手順2] 別のティッシュペーパーで強くこすったポリ塩化ビニルパイプをポリエチレンのひもに下から近づけ，ひもから手をはなした。

[結果] 図3のように，ひもは空中に浮いた。

ポリ塩化ビニルパイプ
図3

【解答・解説】

(1) 電子(−の電気)

　　ちがう素材の物体どうしをこすり合わせると片方の−の電気がもう片方に移動する。そのため電子を失ったほうの物体は＋の電気を帯び，受けとったほうの物体は−の電気を帯びる。

(2) すべて同じ種類の電気

　　ちがう素材の物体どうしをこすり合わせることで物体が電気を帯びるとき，物体にたまった電気を静電気という。同じ種類の電気の間には，しりぞけ合う力がはたらく。

(3) ティッシュペーパー…＋(プラス)の電気
　　ポリ塩化ビニルパイプ…−(マイナス)の電気

　　(1)よりティッシュペーパーからポリエチレンのひもに電子がわたされるため，ティッシュは＋の

電気を帯び，ポリエチレンのひもは−の電気を帯びている。図3よりポリ塩化ビニルパイプとポリエチレンのひもが反発しているため，ポリ塩化ビニルパイプも−の電気を帯びていることがわかる。

　　反対にティッシュペーパーは＋の電気を帯びていることがわかる。

電気力
同じ種類の電気どうしは反発し合う力がはたらき，ちがう種類の電気どうしは引き合う力がはたらく。これは離れてはたらく力の一種である。
---

(4) イ

　　アクリルのセーターを脱ぐと，服と体がこすれ合い体に電気がたまる。その状態で電気が流れやすい金属のドアノブをさわると電気が一気に流れてしびれがくる。これは静電気によって生じた現象だといえる。ほかの現象については以下の通りである。

ア→摩擦力(まさつ)によって生じた現象
ウ→磁力(じりょく)によって生じた現象
エ→血管や神経の圧迫(あっぱく)によって生じた現象

---

⑤下図のような放電管の電極Aと電極Bの間に大きな電圧を加えると，放電が起こり，蛍光板にまっすぐな明るいすじが現れた。

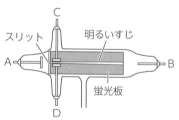

C
スリット　　明るいすじ
A　　　　　　　　　　　B
蛍光板
D

(1) 電極B

　　−極である電極Aから，＋極である電極Bに向かって粒(つぶ)が出て蛍光板が光る。

(2) ウ

　　放電管に電圧を加えると蛍光板が光り電流の流れを見ることができる。この光を電子線(陰極線)(いんきょくせん)とよぶ。電子は＋極に引き寄せられるため電極Dのほうに引き寄せられているウが正解。

(3) (例)電流は−の電気をもったものの流れである。

　　この実験により放電管に流れる電流は電子の流れであることがわかる。この結果から現在では陰極線のことを電子線とよぶようになった。

6 右図のように，コイル，U字形磁石，電流計，抵抗器，電源装置をつなぎ，電流を流したときのコイルのようすを調べる実験を行った。

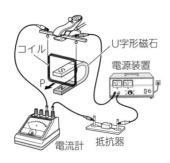

コイル
U字形磁石
電源装置
P
電流計
抵抗器

【解答・解説】

(1) **(例) Pの向きと反対向きに動く。**

磁界の向きを逆にするとコイルは逆向きに動く。

> **磁界と電流と導線の動きの関係**
> - 導線の動く向きは，電流の向きと磁界の向きに垂直である。
> - 導線に流れる電流の向きを反対にしたり磁界の向きを反対にしたりすると，導線の動く向きも反対になる。
> - 導線に流れる電流を大きくしたり磁界を強くしたりすると，導線の動きも大きくなる。

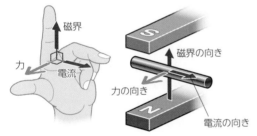

磁界
力
電流

磁界の向き
力の向き
電流の向き

左手の親指を導線の動く向き（力の向き），人差し指を磁界の向き，中指を電流の向きに合わせて考えることもできる。

(2) **小さくなる。**

電圧は変えずに抵抗を大きくすると，オームの法則より流れる電流の大きさは小さくなる。

コイルに流れる電流が小さいほどコイルの動きは小さくなる。

(3) **A…磁界**

　　B…モーター

モーターは，コイルが半回転するたびに電流の向きを切りかえることができる整流子によってコイルが連続的に回転するように工夫された装置である。

〔コイルが回転するしくみ〕

①コイルの右側から左側の向きに電流を流す。するとコイルに A → B → C → D の順で電流が流れる。

②磁界は左から右の向きにはたらいている。そのため，コイルのAB間は下向きに力を，CD間は上向きに力を受けて時計回りに半回転する。

③コイルが半回転するとコイルとともに整流子も半回転するため，コイルに D → C → B → A の順で電流が流れる。

④②と同様にコイルのCD間は下向きに力を，AB間は上向きに力を受けてまた時計回りに半回転する。すると①にまた戻りこれがくり返されてコイルは連続的に回転する。

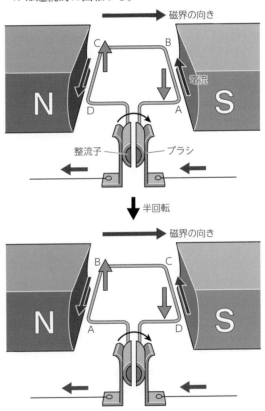

磁界の向き
電流
N
S
整流子
ブラシ

半回転

磁界の向き
N
S

エネルギー

⁷ 思考力ＵＰ ゆいとさんは，お兄さんの高校の文化祭で，送電に関する掲示発表を見つけた。それを見て，ゆいとさんは次のようなメモをとった。

『送電線のしくみについて』

- 発電所でつくり出された電流が，送電線を通ってわたしたちの家庭まで届くことで，テレビなどの電気器具を使うことができる。
- 導線の電気抵抗が大きいほど，熱として消費されて失われる電気エネルギーが多くなる。だから，送電線にはできるだけ電気抵抗が小さい銅やアルミニウムを使ったり，<u>導線の太さをくふうしたり</u>している。
- <u>同じ電力を送る場合，電圧が大きいほど送電線の電気抵抗による損失は少ない。</u>そのため，日本では，約15万～50万Vの高い電圧で発電所から送電している。家庭に届くまでに，変電所や変圧器という設備を使って100V（または200V）まで下げている。

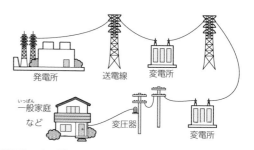
発電所　送電線　変電所
一般家庭など　変圧器　変電所

【解答・解説】

(1)　①　ＡとＣ

　ゆいとさんは導線の太さによる電気抵抗の変化を調べたいと考えているため，導線の太さ以外の条件は同じにする必要がある。よって長さ（10cm），材質（ニクロム線）が同じで直径だけが異なるＡとＣの組み合わせを選ぶ。

②　電源装置の電圧

　電圧を一定にすることで電熱線をかえたときの電流の大きさの変化がわかる。それとオームの法則より調べたい電気抵抗がどのように変化したのかがわかるようになる。

【解答・解説】

先　生：発電所から家庭までを，右の回路図のように表してみましょう。

ゆいと：送電線にも電気抵抗があることを考慮しているのですね。

先　生：発電所の電圧を100V，このときに流れる電流を1Aとすると，発電所が送る電力は100Wですね。では，電圧を1000Vにして，同じ電力を送ると，流れる電流は何Aですか。

ゆいと：［　あ　］Aになります。この電流が送電線に流れるのですね。

先　生：そうですね。送電線の電気抵抗を50Ωとしましょう。発電所の電圧が100Vのとき，送電線に加わる電圧は，50Ω×1A＝50Vで，送電線で消費する電力は，50V×1A＝50Wです。これは熱になって失われます。では，発電所の電圧が1000Vだとどうなりますか。

ゆいと：送電線に加わる電圧は［　い　］Vですから，送電線で消費する電力は［　う　］Wです。あっ，電圧を大きくする理由がわかりました。

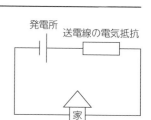
発電所　送電線の電気抵抗
家

(2)　①　あ…0.1　い…5　う…0.5

　電力 P（W）・電圧 V（V）・電流 I（A）の間には，$P＝VI$ という関係性がある。

　あ…電圧1000Vで100Wの電力を送る。$P＝VI$ より求めたい電流の大きさは，
　　　$100\text{ W}＝1000\text{ V}×I$
　　　$I＝0.1\text{ A}$
　　　である。

　い…直列回路では電流の大きさは回路全体のどこでも一定であるため，送電線に流れる電流の大きさは0.1A。オームの法則より，求めたい電圧は，

　　　$V＝50\text{ Ω}×0.1\text{ A}$
　　　$V＝5\text{ V}$
　　　である。

　う…送電線に加わる電圧は5V，流れる電流の大きさは0.1Aである。$P＝VI$ より，求めたい電力は，
　　　$P＝5\text{ V}×0.1\text{ A}$
　　　$P＝0.5\text{ W}$
　　　である。

②　**（例）（同じ電力を送る場合，送電する電圧が大きいほど，）電流が小さくなるため，送電線で熱として消費される電気エネルギーは小さくなるから。**

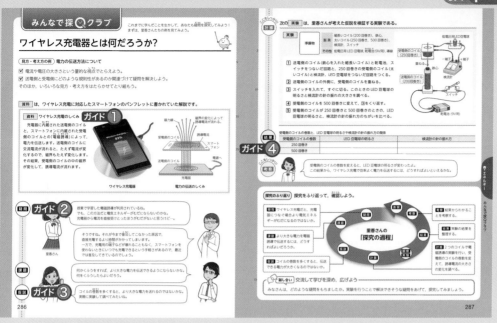

ガイド① ワイヤレス充電のしくみ

　ワイヤレス充電は，教科書 p.275 で学んだ電磁誘導のしくみを利用したものである。電磁誘導とは，コイルの中の磁界が変化することで，その変化に応じた電圧が生じて，コイルに電流が流れる現象である。

　送電側のコイルに電流が流れると，コイルに磁界がうまれる。この磁界が受電側のコイルに対して電磁誘導を起こすことで，電力の伝送が可能になる。ここで重要なのは，送電側のコイルに流す電流が交流であることだ。

　教科書 p.276 で学んだように，交流の場合，電流の向きと大きさが周期的に変わる。電流がつねに変わるということは，それによって生じる磁界も変化し続けることになる。こうして，受電側のコイルの磁界も変化して，電磁誘導が起こる。

ガイド② 課題

　ワイヤレス充電のしくみを知った里香さんは，直接充電するより電気エネルギーがむだになるのではないかと疑問を持った。しかし，先生の話を聞き，ワイヤレス充電には端子が壊れる心配がないこと，手軽さがあることといった長所があることを里香さんたちは知った。そこで，ワイヤレス充電をむだな方法としてとらえるのではなく，ワイヤレス充電でより大きな電力を伝送するための工夫を考えられないかという方向で課題を立てた。

ガイド③ 仮説

　ワイヤレス充電において，より大きな電力を伝送するためにはどうすればよいかという課題を立てた。電磁誘導のしくみを考えると，伝送される電力に関係がありそうなものは，コイルである。そこで，里香さんは，コイルの巻数を多くすると，より大きな電力を伝送することができるという仮説を立てた。

　この仮説を検証するためには，送電側，受電側の両方のコイルを再現した上で，受電側のコイルに流れる電流や電力の大きさを確かめる必要がある。

ガイド④ 結果・考察

受電側のコイルの巻数と，LED 豆電球の明るさや検流計の針の振れ方の関係

受電側のコイルの巻数	LED 豆電球の明るさ	検流計の針の振れ方
250 回巻き	暗い	小さい
500 回巻き	明るい	大きい

　実験結果から，受電側のコイルの巻数を多くすると，LED 豆電球がより明るく光り，検流計の針もより大きくゆれた。このことから，コイルの巻数を多くすることで，受電側により多くの電力が生じたことがわかる。

　よって，ワイヤレス充電で効率よく電力を伝送するためには，受電側のコイルの巻数を増やせばよいと考えられる。

エネルギー

ガイド❶　ワイヤレス充電のしくみ

ワイヤレス充電にはさまざまな方式があるが、大きく2つにわけて、「放射型」と「結合型」の2種類があげられる。教科書にあげられた3つの方式はそれぞれ次のようにわけられる。
「結合型」…近い距離の電力伝送に適している
　①　電磁誘導方式
　②　磁気共鳴方式
「放射型」…長距離の電力伝送に適している
　③　マイクロ波方式
ただし、「放射型」に関しては、今の技術ではまだ研究の段階にある。

①電磁誘導方式

前のページで取り上げた例のように、2つのコイルを近づけて、送電側のコイルに電流を流し、受電側のコイルに対して電磁誘導を起こすことで、電力を伝送する方式。数cm程度の近い距離での電力送電に適している。スマートフォンの充電器、電気シェーバー、電動歯ブラシなど、ワイヤレス充電を利用している製品の多くがこの方式を使っている。

ワイヤレス充電にすることで金属にふれる心配がなくなったことから、水回りの製品にも利用されているのが特徴である。

②磁気共鳴方式

電磁誘導方式と比べて、コイルどうしが離れても電力を伝送することのできる方式。ある実験では、2mの距離があっても電力伝送できることがわかった。距離があっても利用できることから、車高がさまざまである電気自動車の充電にも活用できるのではないかと期待されている。

③マイクロ波方式

送電装置から受電用の装置に向けてマイクロ波を放つことで、遠く離れた場所に電力を伝送する方式。教科書では、ドローンに活用するための研究が取り上げられているが、このほかにも宇宙規模でこの方式を利用しようとする研究も行われている。

それは、宇宙に太陽光発電のパネルを運び、宇宙で発電し、それを地球にある受電用の装置にマイクロ波で送ることによって、宇宙から電力を受け取れるようにするというものである。これが実現すると、天候や時間帯に左右されることなく、宇宙で安定して太陽光発電を行い、地球に電力を届けることが可能になる。

磁気共鳴方式やマイクロ波方式については、研究段階のものが多いものの、私たちの生活を大きく変える可能性がワイヤレス充電の技術にあることがわかるだろう。

1

(1) A…海から陸　　上昇気流（じょうしょう）…陸上

【解答・解説】

　陸は海よりもあたたまりやすく，冷めやすい。そのため，陸上と海上で気温に差ができて，風がふくことがある。

　この問題のように，晴れた日の昼間は，陸のほうがあたたまり，海より温度が高くなる。すると，海上よりも陸上の方が，温度が高い分，大気の密度が小さくなり，軽くなる。これによって，陸上で上昇気流が生じる。すると，地表の気圧は低くなる。（反対に，海上では下降気流（かこう）が生じて，地表より気圧が高い状態になる。）

　こうして，陸上の気圧が低く，海上の気圧が高い状態になる。風は，気圧の高いところから低いところに向かってふくので，海から陸へと風がふくのである。これを，海風という。

　海風は昼間に起こるが，晴れた日の夜などの場合は，陸の方が冷めて温度が低くなることで，陸から海へと風がふく，陸風の現象が起こる。

(2) 電磁誘導（でんじゆうどう）

【解答・解説】

　風力発電に用いられる風車は以下のようなしくみになっている。

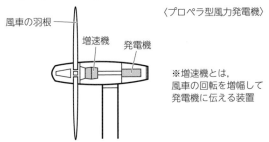

〈プロペラ型風力発電機〉

風車の羽根
増速機
発電機

※増速機とは，風車の回転を増幅して発電機に伝える装置

　風の力で風車が回り，その回転運動が発電機に伝えられる。この発電機の中には，磁石（じしゃく）とコイルがあり，磁石が回転することによって，コイルの中の磁界が変化する。磁界の変化によって電圧が生じ，コイルに電流が流れる。この現象が電磁誘導で，風力発電は風の力を利用することで，電磁誘導を連続的に生じさせるしくみになっている。

(3) 3600万 J

【解答・解説】

　　600 kW＝600000 W

　1分は60秒なので，600000 W×60 s＝36000000 J

　以上が，電力量を求めて，答えを出すための計算式である。

　電力量とは，電気器具が電流によって消費した電気エネルギーの量であり，電力(W)と時間(秒)の積で表すことができる。電力とは別ものであること，計算に使う時間の単位が秒であることに，注意しよう。

(4) 10 時間

【解答・解説】

　　36000000 J÷1000 W＝36000 s

　これを時間にすると，36000 s÷60＝600 min(600分)

　　600 min÷60＝10 h(10 時間)

　よって，10 時間となる。

　電力量は電力と時間の積，つまり

電力量(J)＝ 電力(W)× 時間(s) の式で求められた。今回は時間を求めるので，式を変形して，

$$時間(s)＝\frac{電力量(J)}{電力(W)}$$

という式で考えよう。このとき，出てくる時間の単位は秒で，単位の換算（かんさん）を忘（わす）れないようにしよう。

(5) 偏西風（へんせいふう）

【解答・解説】

　偏西風は，地球の中緯度帯（ちゅういどたい）を西から東へと1周する大気の動きである。高度 5.5〜14 km あたりをふいており，風速が 100 m/s(1 秒間に 100 m 進む)をこえることもある。偏西風は，台風をふくめ日本の気候に影響（えいきょう）を与えている。

　台風は熱帯地方の海上で発生した低気圧(熱帯低気圧)のうち，最大風速が 17.2 m/s 以上に発達したものをいう。そのため，台風はもともと日本の南の海上で発生し，北上しながら発達する。最初は，北西に向かって進み，その後は太平洋高気圧のふちに沿って，北東に進む傾向（けいこう）がある。北東に向きを変えたあと，台風は速度を上げて移動することがあるが，それは偏西風（へんせいふう）の影響（えいきょう）を受けているからである。偏西風が西から東への大気の動きであることを思い出せば，台風が北東や東に速度を上げることも想像がつきやすいだろう。

　なお，偏西風は春や秋の天気にも影響を与（あた）える。春や秋には，移動性高気圧と低気圧が交互に通過するため，天気が周期的に変わるが，これもまた偏西風の影響である。

(6) イ，エ

【解答・解説】

　物質は，それを形づくる元素の種類の数によって，2つに分けられる。1つは，1種類の元素か

らできている「単体」であり，もう１つが２種類以上の元素からできている，この問題にも登場する「化合物」である。

- 塩化銅($CuCl_2$)は，塩素(Cl)と銅(Cu)，２つの元素からできている。よって，化合物である。

- 空気はそもそも１つの物質ではない。酸素や窒素，二酸化炭素などさまざまな物質が混ざり合ってできている。このように，２種類以上の物質が混ざり合ってできているものは混合物といい，化合物ではない。

- 水(H_2O)は，水素(H)と酸素(O)，２種類の元素からできている。よって，化合物である。

- 窒素(N_2)という物質は，窒素(N)という１種類の元素からできているので，単体である。化合物ではない。(物質は原子どうしが結びついてできているので，物質としての窒素は N_2 という分子として存在する。)

- 炭酸水素ナトリウム($NaHCO_3$)は，ナトリウム(Na)，水素(H)，炭素(C)，酸素(O)，４種類の元素からできている。よって，化合物である。

以上より，化合物にあたらないものは，空気と窒素である。

１種類の物質でできているものを「純物質」という。この問題では，塩化銅，水，窒素，炭酸水素ナトリウムがこれにあたる。これに対して，複数の物質が混ざり合ったものを「混合物」という。この問題では，空気がこれにあたる。物質の種類をまとめると，以下の図のようになる。

⑺ **(例)鉄が空気中の酸素とふれないようにするため。**

【解答・解説】

鉄でできたものを空気中に放置すると，空気中の酸素が鉄と結びつき，さびをつくる。⑹の問題文に「鉄に生じるさびは化合物」と書かれてあったが，鉄のさびは酸化鉄という物質である。

そのため，鉄と空気中の酸素が直接ふれないように，表面に塗装を行ったり被膜をつけたりする。

⑻ **液体…H_2O　気体…CO_2**

【解答・解説】

植物が光を受けて光合成を行うとき，根からと

り入れた水と，空気中にある二酸化炭素を原料として，デンプンなどの栄養分と酸素をつくる。したがって，液体の物質とは水であり，葉の気孔からとり入れた気体の物質とは二酸化炭素である。これらをそれぞれ化学式にすると，答えのようになる。

⑼ **全体に散らばっている。**

【解答・解説】

トウモロコシは単子葉類。双子葉類の維管束は輪のように並ぶ。

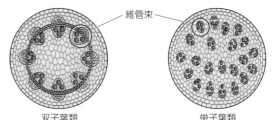

維管束とは数本の道管と師管が集まってできる束である。道管は，水や水にとけた栄養分などが通る管である。師管は，葉でつくられた栄養分が通る管である。

2

⑴ **(例)消化器官による力が，中の肉片に伝わらないようにするため。**

【解答・解説】

「胃は石うすのように食物をすりつぶす」という考えが正しいかどうかを確かめるための実験なので，肉片が胃などの消化器官に直接ふれないようにした場合の実験結果が必要となる。

もし，「胃は石うすのように食物をすりつぶす」という考えの通りであれば，金属管の中にある肉片は，管によってすりつぶされず，何の変化も起こらないはずである。しかし，結果では肉片は一部がとけていた。このことから，胃がすりつぶす力とは別のはたらきが，肉片に変化をもたらしたということになる。そこで，実験２に移っていくのである。

⑵ **消化酵素**

【解答・解説】

⑶の問題文にあるように，胃の中からとり出した液とは胃液のことである。胃液は消化液の１つである。消化酵素は，胆汁以外の消化液にふくまれていて，食物を吸収しやすい物質に分解するはたらきをする。

⑶ 名称…ペプシン　栄養分…タンパク質

【解答・解説】────────────

　胆汁以外の消化液は消化酵素をふくんでいる。消化酵素にはいくつかの種類があり、種類によってはたらく物質(分解する物質)が決まっている。

　この問題で問われたペプシンは胃液にふくまれる消化酵素である。ペプシンはタンパク質を分解するはたらきをもつ。同じはたらきをもった消化酵素には、すい液(すい臓でつくられ、小腸のはじまりの部分にあたる十二指腸に出される消化液)にふくまれるトリプシンがある。最終的に、タンパク質はアミノ酸に分解される。

　デンプンにはたらく消化酵素には、アミラーゼがある。アミラーゼは唾液、すい液にふくまれている。デンプンは最終的に、ブドウ糖に分解される。脂肪にはたらく消化酵素には、リパーゼがある。リパーゼはすい液にふくまれている。脂肪は、脂肪酸とモノグリセリドに分解される。

　消化酵素の種類、それぞれが分解する物質や分解された物質が何に変化するかを、整理しておこう。

⑷ ①ふくらむ。　②息を吸うとき

【解答・解説】────────────

　ゴム膜は、ヒトの体では横隔膜、プラスチック容器はヒトの体では胸こうにあたる。

　胸こうとは、ろっ骨とろっ骨の間の筋肉と横隔膜によって囲まれた空間のことである。この空間の体積によって、肺に空気を吸いこんだり、肺から空気を押し出したりすることができるのである。

　ゴム膜のひもを下に引くことは、ヒトの体でいうと、横隔膜が下がることにあたる。横隔膜が下がることで、ろっ骨が引き上げられて、胸こうの体積が大きくなり、肺の中に空気が吸いこまれるのである。模型でも、プラスチック容器の空間が大きくなり、風船がふくらんだ。

　息をはくときのヒトの体では、横隔膜が上がるとともに、ろっ骨が下がる。これにより、胸こうの体積が小さくなり、肺から空気が押し出される。模型でも、ゴム膜を押すことで、プラスチック容器の空間を小さくして、再現することができる。

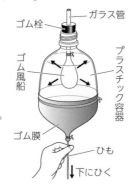

ガラス管
ゴム栓
ゴム風船
プラスチック容器
ゴム膜
ひも
↓下にひく

⑸ 前線の名称…寒冷前線　雲の名称…積乱雲

【解答・解説】────────────

　冷たい気団の寒気とあたたかい気団の暖気が接すると、気団の間には境界面ができる。この境界面を前線面といい、前線面が地面と交わってできる線を前線という。

　前線上で低気圧が発生すると、低気圧の西側では寒冷前線が、東側では温暖前線ができる。寒冷前線付近では、寒気が暖気を押し上げるように進む。そのため、前線面の傾きは急であり、強い上昇気流が生じる。こうした強い上昇気流で発達するのが、積乱雲である。寒冷前線が通過するとき、強いにわか雨になることが多く、雷や突風をともなうこともある。しかし、雲ができる範囲はせまいため、雨の降る時間は短い。

　一方、温暖前線付近では、暖気が寒気の上にはい上がるように進むため、前線面の傾きはゆるやかになる。そのため、広い範囲にわたって雲ができ、雨の降る範囲は広くなって、降る時間も長くなる。以上の特徴をふまえて考えると、問題文の「強い風や雷をともなう激しい雨」をもたらす前線は寒冷前線であり、天気の変化をもたらした雲は積乱雲であるとわかる。

⑹ ①アンモニア　②ウ
　③ナトリウム原子：塩素原子＝1：1

【解答・解説】────────────

①アンモニアは、窒素(N)と水素(H)、2種類の元素からできている物質である。このことは、化学式からも読みとることができる。

②アンモニアを無害な尿素に変えるのは、肝臓のはたらきである。このほかにも、肝臓は食物にまぎれこんだ有害物質を害の少ない物質に変えるはたらきも持っている。

③塩化ナトリウムを化学式で表すと NaCl である。Na はナトリウム、Cl は塩素を指す。塩化ナトリウムの場合、Na にも Cl にも数がついていない。これはナトリウム原子と塩素原子が同じ数、つまり1：1の割合で結びついてできたことを示している。

化学式を理解しておくと、式から原子の割合を知ることができるので、ほかの物質の化学式も復習しておこう。

ガイド❶　課題・仮説

● 課題

　教科書 p.34 で学んだように，食物にふくまれる栄養分は，大きい分子でできていることが多いため，そのままでは体内に吸収されない。そこで，消化によって栄養分を分解するのである。小学校で学んだデンプンは，炭水化物(栄養素の1つ)にふくまれる。それでは，「デンプンは分解されるとどのような物質になるのか」これが，今回の課題である。

● 仮説

　教科書 p.35 の生徒たちの話し合いも参考に考えてみよう。デンプンはごはんにふくまれる。ごはんをかんでいるうちに，あまく感じるようになった経験のある人も多いだろう。こうした日常生活での体験を根拠として，デンプンが体のはたらき(消化)で，あまい物質に変わったのではないか，と考えることもできる。

　デンプンが口の中で，分解されて別の物質になったとすれば，唾液が関わっていると考えることができる。そこで，「デンプンは唾液によってあまい糖に分解されるのではないか」という仮説が立てられる。ここでは，この仮説をもとに，探究の道すじを説明する。

ガイド❷　計画・結果・考察

　今回の仮説を確かめるために教科書 p.36〜37 のような実験が考えられる。

　ここでは，デンプンと唾液を混ぜたもの，デンプンと水を混ぜたものの2つを用意し，それぞれ試験管に入れる。デンプンの分解が唾液によるものかどうかを確かめるためである。

　そして，これら2つの試験管の液を約40℃の湯に入れて，5〜10分ほど置いておく。湯に入れるのは，私たちの口の中の温度に合わせるためである。

　最後に，それぞれの試験管をさらに2つに分けて，一方にヨウ素溶液，もう一方にベネジクト溶液を入れて加熱する。ヨウ素溶液はデンプンに，ベネジクト溶液は糖にそれぞれ反応して変色する。このとき，結果は以下のようになる。(実験の結果として，記録をとっておこう。)

● 結果の例

	ヨウ素溶液	ベネジクト溶液
デンプン＋唾液	変化なし	赤褐色に変化
デンプン＋水	青紫色に変化	変化なし

● 考察の例

　上のような結果になれば，デンプンは唾液のはたらきによって糖に変化したと考えられる。なぜなら，唾液を加えた試験管ではヨウ素溶液が変化しないことからデンプンがなくなっており，ベネジクト溶液の変化から，糖ができているといえるからである。

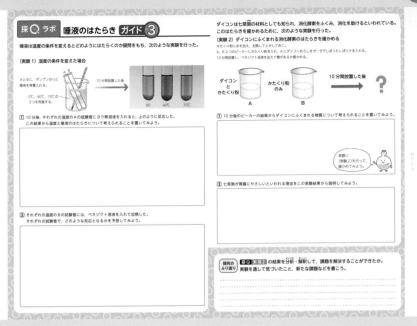

ガイド 3 唾液（だえき）のはたらきに関する実験

　ここでは，唾液に関する実験を2つ取り上げている。本書 p.164 の表の実験とはちがう視点から，唾液のはたらきに対する理解を深めよう。

〔実験1〕 温度の条件を変えた場合

　デンプンのりと唾液を混ぜる点では同じだが，0℃，40℃，70℃のように温度の条件を変えている。

① ヨウ素溶液を入れた結果から
　写真から分かるように，ヨウ素溶液が反応して変色しているのは0℃，70℃の2つである。40℃のもののみ，反応がみられない。このことから，デンプンが分解されたのは温度が40℃のときだけであり，唾液がはたらくのも40℃のときだけだと考えられる。

② ベネジクト溶液の反応を予想してみよう
　唾液がはたらいて，デンプンが糖に分解されるのは，①より40℃に加熱したものだけだと考えられる。したがって，ベネジクト溶液の反応は，40℃の試験管のみ変色して，0℃，70℃のものは色が変わることはないと予想される。

〔実験2〕 ダイコンにふくまれる消化酵素（こうそ）

　教科書 p.38 で学んだように，食物を分解して吸収（しゅう）されやすい物質に変えるはたらきを持つものに，消化酵素がある。ダイコンにも消化酵素がふくまれているといわれている。

① ダイコンにふくまれる物質
　可能であれば実際に確かめてみてほしいが，実験2では，ダイコンおろしのしぼり汁を入れたAの方はベネジクト溶液に反応し，Bの方は反応しない。ダイコンにふくまれる物質がかたくり粉のデンプンを糖に分解するからだと考えることができる。

② 七草粥（がゆ）が胃腸（いちょう）にやさしい理由を考えてみよう
　ダイコンは七草粥の材料の1つでもある。そのため，七草粥を食べたときに，デンプンを分解させる物質ごと，体に入れていることになる。
　教科書 p.38 で学んだように，ふつう食物は体内にある消化酵素のはたらきもあって，消化されていくが，器官によって消化酵素の種類が異（こと）なる。デンプンの場合，アミラーゼという消化酵素がはたらくが，この酵素がふくまれるのは唾液，すい液であり，胃液などにはふくまれていない。しかし，消化酵素がふくまれるダイコンを食べることで，デンプンの消化が助けられるので，その分胃腸に負担をかけずにすむ。そのため，七草粥は胃腸にやさしいと考えられるのである。

探Qシート　明日の天気を予想する　→p.119〜121

【課題】どのような疑問を解決したいのか。課題を明確にしよう。

ガイド①

【仮説】今の季節に特徴的な気圧配置や、p.100の表現1の結果を活用して、課題に対する自分の考えを書こう。次に、ほかの人の考えも参考に、自分の仮説を立てよう。

ほかの人の考えをふまえて自分の考えを見直してみることもたいせつだね。

1. わたしの考え　　2. 参考になった考え

3. わたしの仮説

ではないか。

その根拠

【検証】仮説を確かめるためには、どのような気象データを活用するとよいか。

[活用する気象データ]

[予想の手順]

計画を立てたら、必ず先生に確認してもらおう。

月　日　組　番［名前］

【結果】得られた結果を表や図、言葉でわかりやすくまとめよう。

[今日の天気を説明する]　　[説明]

集めた気象データをはろう

[明日の天気を予想する]

	結果	理由
天気		
気温		
湿度		
気圧		
風向・風速		
その他		

（北緯30°付近の緯線）　0　　1000〔km〕

【考察】結果からわかったことは何か。仮説は確かめられたか。そのように考えた理由も書こう。

わたしの考察
結果から、

ガイド③

その根拠
なぜなら、

ガイド①　課題・仮説

● 課題

　これまで学んできたように，日本列島は大陸と海洋の間にあり，緯度の関係から偏西風の影響も受ける。そのため，日本の気候は変化に富んでいる。そして，私たちは日常生活で天気予報を活用しながら，変化に富む日本の気候と付き合っている。この天気予報は，どのようにして予測しているのだろうか。今回は，「どのようにすれば，明日の天気を予想できるだろうか」という疑問を考えていきたい。

● 仮説

　日本の天気は変化に富む一方で，季節によって規則性がみられる。特に，気圧配置にはそれぞれの季節に応じた特徴がみられる。そのため，今の季節に特徴的な気圧配置は，今の天気を理解する上で重要な手がかりとなる。また，日本の天気に影響を与える気団についても学んできた。気団も同じく重要な手がかりである。

　以上より，今の季節における気圧配置，気団の特徴を理解すれば，今日の天気を，根拠を持って説明することができる。そうすれば，明日の天気の予測も根拠を持って行うことができるだろう。これを今回の仮説として説明を進めていく。

ガイド②　探Qラボ（p.167）

　今の季節に特徴的な気圧配置から日本列島の天気を説明できるようになろう。まず，裏面の「探Qラボ」に取り組んでみよう。

① 天気図と雲画像はどの季節に特徴的なものか，考えてみよう。

　全体的に見て，北の大陸の方向にも，南の海洋の方向にもそれぞれ高気圧がある。また，偏西風の影響で，日本列島上空にある高気圧や低気圧が西から東へと移動している。南を見ると，前線も見られ，2日目には日本列島のほとんどが雲におおわれた状態になっている。

　これらをふまえると，北のシベリア気団も，南の小笠原気団も，同じような強さの勢力を持っている季節であると考えられる。偏西風による移動性高気圧も見られる。よって，春や秋に特徴的な天気図であると考えられる。

　なお，風向きや風力も天気図から読み取れる。各地にある天気図記号のはねが指している方向から，風がふいてくるという点には注意が必要である。今回の天気図を見ると，風向きから規則性はあまり読み取れない。また，天気図記号から各地の天気が分かるので，読み方を確認しておこう。（教科書 p.77 参照）

探Qラボ　明日の天気を予想する　ガイド②

表面の「明日の天気を予想する」の仮説で、今の季節に特徴的な気圧配置から日本列島の天気を説明するために、次の①～③にとり組んでみよう。

今日と比べて明日の天気はどうなるかな。

1日目(9時)　2日目(9時)　3日目(9時)　4日目(9時)

① 天気図と雲画像はどの季節に特徴的なものか。理由もふくめて説明してみよう。

季節

理由

③ 3日目の天気図と雲画像を見て、2日間で変化している点としていない点を書いてみよう。

変化している点

変化していない点

② 2日目の日本列島の天気は、どのような特徴があるのか書いてみよう。

探究のふり返り　探Q 実習② の結果を分析・解釈して、課題を解決することができたか。実習を通して気づいたこと、新たな課題などを書こう。

地球

② 　2日目の日本列島の天気には、どのような特徴があるのだろうか。

この日の日本列島は、南北にそれぞれある高気圧にはさまれた気圧の低い範囲、「気圧の谷」にあたる。そのため、前線が日本列島に重なり、雲画像を見ても、雲にほとんどおおわれていることが分かる。

天気図記号からは、西日本は●(雨)が多く、東日本は◎(くもり)が多いことが分かる。このことから、2日目の日本列島の天気には、くもりか雨が多く、晴れている場所はほとんどないこと、「気圧の谷」による前線があることが挙げられるだろう。

③ 　1日目9時から3日目9時までの2日間(48時間)の天気を見て、変化している点、変化していない点は何であろうか。

変化している点としては、雲や前線が西から東へと移動していることが挙げられる。このことは、天気図と雲画像からそれぞれ確かめられる。また、各地の天気図記号を見ると、風向きが変わっている場所が多い。

変化していない点としては、北の大陸と南の海洋のそれぞれに高気圧がある点が挙げられる。また、風向きは変わっているものの、比較的風速が大きい(天気図記号のはねが多い)場所も多い。

ガイド③ 　仮説を確かめてみよう (p.166)

今日の天気を説明するために、まずは2～3日分の気象データを集めよう。「探Qラボ」でみたように、天気図に雲画像を重ねたものを用意すると、考察がしやすいだろう。また、1日における気温や気圧の変化がわかるようなデータも集めておこう。気温や気圧のように、数値の変化を読み取るものについては、自分たちでグラフにして表すと、考察がしやすい。これらのデータは気象庁が公開している情報から集めることができる。

データを集められたら、今日の天気を説明してみよう。天気を説明するときは、「今日は暑い」のような主観的な言葉は使わず、「今日の最高気温は○℃、最低気温は○℃、差が○℃であり、1日における気温の変化は小さい」のように、数値や客観的な言葉で説明するように心がけよう。

そして、今日の天気や気圧配置などをふまえて、明日の天気を予想する。単に「明日は晴れる」だけでなく、気温や気圧、湿度、風も予想しよう。これらを予想するためには、明日の気圧配置や雲の動きを考える必要があり、今の季節における特徴をきちんとおさえておくことで、根拠のある説明ができるだろう。明日になったら、実際の天気と予想を比較してみよう。もし予想が外れた部分があれば、その理由を考えるとよい。

167

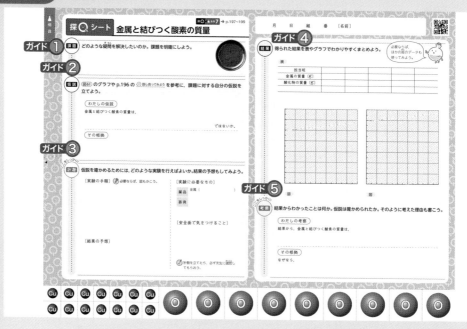

ガイド 1 課題

　金属と酸素が結びつくとき，金属の質量と酸素の質量との間にはどのような関係があるのだろうか。

ガイド 2 仮説

【わたしの仮説】

　金属と結びつく酸素の質量は，金属の質量に比例するのではないか。

【その根拠】

　ある質量の銅が酸化銅になるときに結びつく酸素の質量には限界がある。その限界を決めるのは，銅原子の数，つまり銅の質量ではないかと考えたから。

ガイド 3 計画

[実験の手順]

　この実験では，銅が酸化銅になる反応をあつかう。

①反応前の銅の質量をはかる。

②銅の粉末を加熱する。

③反応後の物質の質量をはかる。

[実験に必要なもの]

薬品：金属（（例）銅の粉末）

器具：ステンレス皿，三角架（さんかくか），三脚（さんきゃく），るつぼばさみ，ステンレス製の薬さじ，電子てんびん

[安全面で気をつけること]

●やけどに注意し，必ず換気（かんき）をする。

ガイド 4 結果（例）

担当班（はん）	1班	2班	3班	4班	5班
銅の質量[g]	0.50	0.60	0.70	0.80	0.90
酸化銅の質量[g]	0.62	0.74	0.87	0.99	1.12
結びついた酸素の質量[g]	0.12	0.14	0.17	0.19	0.22

ガイド 5 考察

【わたしの考察】

　結果から，金属と結びつく酸素の質量は，金属の質量に比例すると考えられる。

【その根拠（こんきょ）】

　なぜなら，加熱前の銅の質量に応じて結びつく酸素の質量は決まっており，そのグラフは原点を通る直線になるからである。

ガイド 1 結びついた酸素の質量（p.169）

担当班	6班	7班	8班	9班	10班
結びついた酸素の質量[g]	0.20	0.40	0.59	0.78	0.98

168

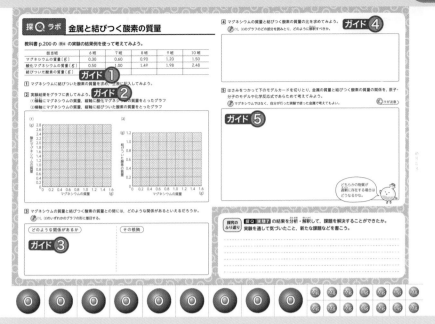

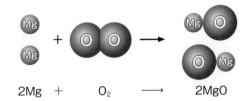

物質

ガイド 2 グラフ

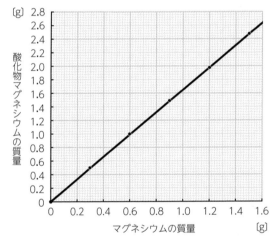

ガイド 3 マグネシウムの質量と酸素の質量の関係

【どのような関係があるか】

　グラフから，マグネシウムと結びつく酸素の質量は，マグネシウムの質量に比例すると考えられる。

【その根拠】

　なぜなら，マグネシウムの質量と結びついた酸素の質量との関係を表すグラフは原点を通る直線になっており，比例関係を示しているからである。

ガイド 4 質量の比

　(2)のグラフより，マグネシウムの質量が $0.3\,\mathrm{g}$ のときの結びついた酸素の質量は $0.2\,\mathrm{g}$ である。

　マグネシウム：酸素 $= 0.3 : 0.2 = 3 : 2$

よって，マグネシウムの質量と結びつく酸素の質量の比は，$3 : 2$ である。

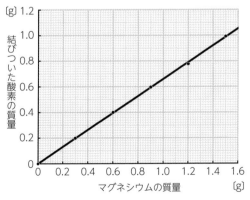

ガイド 5 原子・分子のモデルと化学反応式

$$2Mg \quad + \quad O_2 \quad \longrightarrow \quad 2MgO$$

探Qシート　回路に流れる電流

〔課題〕どのような疑問を解決したいのか。課題を明確にしよう。

ガイド **1**

〔課題〕p.222 の 考えてみよう を参考にして、課題に対する自分の考えを書こう。次に、ほかの人の考えも参考に、自分の仮説を立てよう。

ほかの人の考えもふまえて、自分の考えを見直してみることもたいせつだね。

1. わたしの考え　　2. 参考になった考え

3. わたしの仮説
直列回路では、
並列回路では、
　　　　　　　　　　　　ではないか。
その根拠

〔計画〕仮説を確かめるためには、どのような実験を行えばよいか。結果の予想もしてみよう。

ガイド **2**

〔実験の手順〕　　　　　を使って考えてみよう

〔実験に必要なもの〕
器具
その他

〔安全面で気をつけること〕

〔結果の予想〕

計画を立てたら、必ず先生に確認してもらおう。

〔名前〕　　　　月　日　組　番

〔結果〕得られた結果を表にわかりやすくまとめよう。

必要ならば、ほかの班のデータも使ってみよう。

直列回路

並列回路

ガイド **3**

〔考察〕結果からわかったことは何か。仮説は確かめられたか。そのように考えた理由も書こう。

わたしの考察
結果から、回路に流れる電流の大きさについて次のことがいえる。
直列回路においては、
並列回路においては、
その根拠
なぜなら、

ガイド **1** 課題・仮説

● 課題

教科書 p.221 図8 にもあるように、種類の異なる2つの電球を使って回路をつくったとき、直列回路で明るく光った豆電球が、並列回路では暗く光ることがある。豆電球に流れる電流の大きさにちがいがあるのだろうか。

この疑問を整理すると、「直列回路と並列回路に流れる電流の大きさは、それぞれ場所によってどのようなちがいがあるのだろうか」という課題が考えられる。

● 仮説

まずは、自分の考えを整理して、ほかの人と話し合ってみよう。教科書 p.223 で生徒たちが話し合っているように、豆電球が光るのに電流が使われて、とちゅうで減るのではないか、明るく光る豆電球により大きな電流が流れるのではないかといった、さまざまな考えがあるだろう。

これらの考えを整理すると、「直列回路では先に電流が流れる豆電球の方により大きな電流が流れ、並列回路ではより明るく光る豆電球の方により大きな電流が流れるのではないだろうか」という仮説が立てられる。直列回路については、豆電球を光らせることで電流が減るという考えが根拠となっている。

ガイド **2** 計画

仮説を確かめるための実験を考えよう。ここでは、豆電球に流れる電流の大きさを調べたいので、豆電球の前後において電流の大きさをはかる必要がある。

裏面の「探Qラボ」の左側に器具が並んでいる。今回は、2つの豆電球にそれぞれ流れる電流の大きさを比較するので、豆電球は2つとも必要である。スイッチも必要であろう。今回はかりたいのは電流の大きさなので、電流計を使用する。電圧計は今回の実験では使わない。

使う器具が決まったら、まずは直列回路をつくってみよう。電流計を、はかりたい場所につなぐことが大切である。下の図でいう A～C の3点が電流計を置く場所となる。乾電池の＋極と－極は直接導線でつながない、など安全面に注意する必要もある。

直列回路

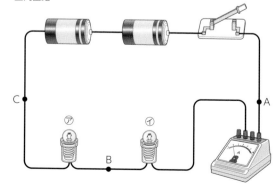

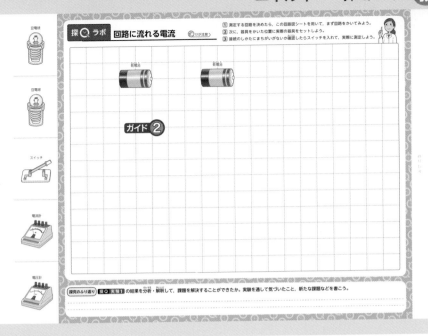

探Qラボ　回路に流れる電流

① 測定する回路を決めたら、この回路認シートを用いて、まず回路をかいてみよう。
② 次に、器具をかいた位置に実際の器具をセットしよう。
③ 接続のしかたにまちがいがないか確認したらスイッチを入れて、実際に測定しよう。

ガイド❷

探究のふり返り　探Q実験1 の結果を分析・解釈して、課題を解決することができたか。実験を通して気づいたこと、新たな課題などを書こう。

並列回路の場合，豆電球の前後だけでなく，回路が枝分かれする前，再び1つに合わさった後にも電流の大きさをはかる必要がある。そのため，下の図でいう D〜I の6点に電流計を置くことになる。

並列回路

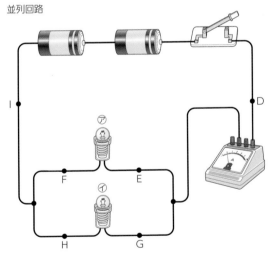

実験を行うときには，それぞれの点に流れる電流の大きさを順番にはかることになる。豆電球の明るさも記録しておこう。
　ここでは，
● 直列回路において，明るく光った方の豆電球を⑦暗く光った方の豆電球を④とする。
● 並列回路においては，直列回路で調べた豆電球⑦，④を用いる。
　豆電球にはそれぞれ印をつけて，わかりやすくしておこう。

ガイド❸　結果・考察(例)(p.170)

　実験結果から分かったことを，表にしてまとめよう。以下の例を参考にしてみるとよいだろう。（電流の大きさや豆電球の光り方はあくまで例である。）

直列回路の実験結果(例)

はかった点	A	B	C
電流の大きさ〔mA〕	230	230	230

明るかった豆電球⑦…点Aと点Bの間
暗かった豆電球④…点Bと点Cの間

並列回路の実験結果(例)

はかった点	D	E	F	G	H	I
電流の大きさ〔mA〕	540	240	240	300	300	540

明るかった豆電球④…点Gと点Hの間
暗かった豆電球⑦…点Eと点Fの間

　以上の実験結果から，直列回路では，どの地点においても流れる電流の大きさは変わらない。並列回路では，豆電球の前後で流れる電流の大きさは変わらず，枝分かれする前の電流の大きさと，枝分かれした後のそれぞれの電流の大きさの和が等しくなる。ということが考えられる。この考察について疑問に思うことがあれば，「探究のふり返り」にまとめて，さらなる探究に生かそう。

171